# 5G Strahlung

**...Gefährlich?**

**...Ausspionierend?**

**...Krebserregend?**

Die wichtigsten Tipps für...
...Ihr Handy
...Ihre Kinder
...Ihr Schlafzimmer
...Ihren Arbeitsplatz

kompakt, einfach, verständlich und mit weiterführenden Links*.

*Die Links zu den Quellennachweisen finden sie im Text unter (http...) und am Ende des Buches. Schreiben Sie bitte die Link-Adresse in die Adressleiste Ihres Internet-Browsers, oder googeln sie die Überschriften.

Gendergerecht

Aus Gründen der leichteren Lesbarkeit wird in dem vorliegenden Buch die gewohnte männliche Sprachform bei personenbezogenen Substantiven und Pronomen verwendet. Dies impliziert jedoch keine Benachteiligung des weiblichen Geschlechts, sondern soll im Sinne der sprachlichen Vereinfachung als geschlechtsneutral zu verstehen sein.

# Inhaltsverzeichnis

Vorwort ....................................................................................4

Einleitung...................................................................................6

Die Weltgesundheitsorganisation (WHO).....................................8

Die Europäische Union (EU) ........................................................9

Internationale Gesellschaft für Elektrosmog- Forschung IGEF ....10

Was ist die 5G-Netz-Mobilfunk-Technologie?................................11

Wie gefährlich ist das 5G-Netz für die Gesundheit?......................14

Schutz vor 5G-Strahlung und Elektrosmog ..................................19

Tipps für die Handynutzung.........................................................21

Tipps für den Arbeitsplatz ............................................................24

Tipps für Schlafräume ..................................................................26

Abschirmung...............................................................................29

Neue Technologie und Privatsphäre –..........................................34

Handystrahlung im Flugmodus.....................................................39

EMF-Risiken für Kinder und Babys ..............................................41

5G-Frequenzen: Geschwindigkeit und Reichweite.........................45

Wann kommt 5G in Deutschland?.................................................49

Bonus 1: Mobilfunk – Risiken und Schutz für Tiere .......................50

Bonus 2: Messgerät für elektromagnetische Strahlung.................52

Bonus 3: 5G-fähige Smartphones/Handys kaufen .........................54

Schlusswort ................................................................................56

Quellenangaben und Links...........................................................57

Impressum...................................................................................61

PS: .............................................................................................62

# Vorwort

Der Autor dieses Buches hat sich die Frage gestellt: "Wie kann ich mich im Alltag selbst weniger Strahlung aussetzen und wie kann ich Mobilfunknutzung mit Strahlenschutz verbinden, um die möglichen Risiken für mich selbst und meine Familie zu verringern?"

Wie wichtig seine Antworten auf diese Frage sind, zeigt eine steigende Anzahl wissenschaftlicher Studien. Sie belegen, dass die größte Bedrohung unserer Gesundheit von der allgegenwärtigen und unsichtbaren elektromagnetischen Umweltverschmutzung ausgeht.

Viele Gesundheitsprobleme werden mit der Mobilfunknutzung in Verbindung gebracht, einschließlich einiger Krebsarten, vor allem Tumore im Gehirn, im Auge oder Ohr sowie Leukämie, Fehlgeburten, Missbildungen, chronische Müdigkeit, Kopfschmerzen, Stress, Schwindel, Herzprobleme, Autismus, Lernstörungen, Schlaflosigkeit und Alzheimer.

Der Autor berichtet über den Stand der weltweiten Forschung, will jedoch den Mobilfunk nicht verteufeln – denn viele Menschen sind täglich privat und beruflich darauf angewiesen. Und mit dem bevorstehenden 5G-Netzausbau wird es zunehmend unmöglich sein, sich den Strahlen vollends zu entziehen.

Eine gut zu verstehende Erklärung der 5G-Technik und der daraus folgende angemessene Umgang mit dieser Mikrowellenstrahlung ist dem Autor in seinem kompakten Buch mit vielen sinnvollen Empfehlungen durchaus gelungen.

Doch ob die Empfehlung des Autors: "Wichtig ist es, sich der möglichen Risiken bewusst zu werden und im Umgang mit der Technologie auch langfristig an die eigene Gesundheit zu denken." ausreicht?

Glücklicherweise gibt es Hoffnung darauf, dass die Mobilfunktechnologie und auch 5G so weiter entwickelt werden kann, dass die von kritischen Wissenschaftlern befürchteten Folgen für Menschen, Tiere und die Umwelt in Grenzen gehalten werden können. So wie es einigen Handyherstellern bereits gelungen ist, die Mikrowellenstrahlung ihrer Handys auf ein Tausendstel zu verringern.

Dieses Buch wird dazu beitragen, dass mehr Menschen sich mit der Problematik der Mikrowellen-Strahlung beschäftigen und somit mehr Druck auf die Mobilfunkbranche entsteht, ihre Geräte und Anlagen gesundheitlich verträglicher zu machen.

Wulf-Dietrich Rose
CEO Internationale Gesellschaft für Elektrosmog-Forschung IGEF

# Einleitung

Nutzen Sie selbst, beruflich oder privat, ein Handy?

Sind Sie neugierig, was die 5G-Technologie eigentlich ist und was das für Ihren Alltag bedeutet?

Und möchten Sie ein paar einfache Tricks erfahren, mit denen Sie Ihre Strahlenbelastung drastisch reduzieren können, ohne vollkommen auf das Smartphone mit all seinen Funktionen und Vorteilen verzichten zu müssen?

Möchten Sie erfahren, wie Sie sich vor eventuellem Datenklau schützen können? Dann lesen Sie einfach weiter!

Der Mobilfunk gewinnt immer mehr an Bedeutung und Kommunikation wird immer kabelloser – in unserem Alltag, in der Geschäftswelt, für die Industrie, für Polizei, Feuerwehr, eigentlich in allen Bereichen unseres Lebens. Gleichzeitig mehren sich die Sorgen, denn vor allem in Großstädten wird man von allen Seiten mit Mikrowellen bestrahlt: Funkmasten auf Hausdächern, WLAN-Netzwerke in der eigenen Wohnung und den Nachbarwohnungen – und natürlich das eigene Handy. Zur Einführung des neuen 5G-Netzes soll dieses Buch nicht nur wichtige Informationen zur Technologie selbst und zu möglichen gesundheitlichen Auswirkungen liefern. Es gibt auch praktische Hinweise zum Selbstschutz und zum gesundheitsbewussten Umgang mit der Mobilfunktechnologie: Wie kann ich mich im Alltag selbst weniger Strahlung aussetzen und wie kann ich Mobilfunknutzung mit Strahlenschutz verbinden, um die möglichen Risiken für mich selbst und meine Familie zu verringern?

Dabei soll der Mobilfunk nicht einseitig verteufelt werden – denn viele Menschen sind täglich privat und beruflich darauf angewiesen. Und gerade mit dem 5G-Netzausbau wird es auch in ländlichen Regionen zunehmend unmöglich, sich den Strahlen vollends zu entziehen.

Wichtiger ist es, sich der möglichen Risiken bewusst zu werden und im Umgang mit der Technologie auch langfristig an die eigene Gesundheit zu denken. Ich schreibe diesen Text mit meinem Laptop und nutze eine W-LAN-Anbindung für eine schnelle Recherche. Sobald ich das Büro verlasse, schalte ich das W-LAN am Laptop einfach aus, zu Hause benutze ich das LAN-Kabel. Den meisten Menschen ist die von ihnen selbst verursachte Strahlenbelastung und Eigenverantwortung jedoch nicht bewusst.

**Paracelsus: Allein die Dosis macht das Gift.**

Sowohl die Weltgesundheitsorganisation (WHO) als auch die Europäische Union (EU) empfehlen die Reduzierung der elektromagnetischen Emissionen (Elektrosmog).

# Die Weltgesundheitsorganisation (WHO)

Eine Expertengruppe der Internationalen Agentur für Krebsforschung IARC hatte sämtliche verfügbaren wissenschaftlichen Beweise ausgewertet und kam Ende Mai 2011 zu dem Schluss, dass die von Handys und Mobilfunk-Sendeanlagen ausgehende Strahlung möglicherweise krebserregend sei.

Die Weltgesundheitsorganisation WHO bestätigte dies und hat sowohl niederfrequente als auch hochfrequente Strahlung als möglicherweise krebserregend für den Menschen eingestuft.

Quellennachweis:

https://monographs.iarc.fr/agents-classified-by-the-iarc/
Schreiben Sie bitte die Webadresse in die Adressleiste Ihres Internet-Browsers.

# Die Europäische Union (EU)

In der EU-Empfehlung vom 12. Juli 1999 wurde eine >Richtlinie zur Begrenzung der Exposition der Bevölkerung gegenüber elektromagnetischen Feldern< festgelegt: „Es ist unbedingt notwendig, die Bevölkerung vor nachweislich gesundheitsschädlichen Auswirkungen zu schützen, die als Folge der Exposition gegenüber elektromagnetischen Feldern eintreten können."

Quellennachweis:
https://eur-lex.europa.eu/legal-content/DE/TXT/?uri=uriserv:OJ.L_.1999.091.01.0010.01.DEU&toc=OJ:L:1999:091:TOC
Schreiben Sie bitte die Webadresse in die Adressleiste Ihres Internet-Browsers.

# Internationale Gesellschaft für Elektrosmog-Forschung IGEF

In der Internationalen Gesellschaft für Elektrosmog-Forschung IGEF arbeiten Menschen, Unternehmen und Organisationen aus allen Bereichen der Wissenschaft, Technik, Medizin, Wirtschaft, Bildung und Information partnerschaftlich, jedoch rechtlich eigenständig zusammen.

Die IGEF warnt seit 1991 vor den möglichen Gefahren durch Elektrosmog.

Die von der IGEF erstellte Webseite- www.elektrosmog.com berichtete im April 2017:

**Häufiges Handy-Telefonieren als Ursache von Hirntumoren gerichtlich mehrfach bestätigt.**

Quellennachweis:
https://www.elektrosmog.com/tumor-durch-handystrahlung

# Was ist die 5G-Netz-Mobilfunk-Technologie?

Die 5G-Technologie wird kommen – aber wie funktioniert 5G und was sind die Unterschiede zu LTE bzw. 4G? Viele Dinge sind beim 5G-Mobilfunk deutlich anders als beim Vorgänger, von der Technik und Funktionsweise bis zur Reichweite.

Mit der Einführung von 5G (5. Generation) sollen viele technologische Phantasien wahr werden: Es soll das tausendfache Datenvolumen der bisherigen 4G-Technologie ermöglichen und hundertfach mehr verbundene Geräte pro Basisstation erlauben. Mit einer Reaktionsgeschwindigkeit von unter einer Millisekunde kommuniziert das Netz dabei quasi in Echtzeit.

Im Gegensatz zu 4G, das in den Frequenzbereichen 700 MHz, 800 MHz, 1,8 GHz, 2 GHz und 2,6 GHz funkt, operiert das 5G-Netz in einem höherfrequenten Bereich von in Deutschland derzeit 2 GHz, 3,4 GHz und 3,7 GHz. Später sollen auch höhere Frequenzen bis 98 GHz genutzt werden, die Nutzung des Frequenzbereichs bei 26 GHz ist bereits in Planung.

(https://www.bundesnetzagentur.de/DE/Sachgebiete/Telekommunikation/Unternehmen_Institutionen/Frequenzen/OeffentlicheNetze/Mobilfunknetze/mobilfunknetze-node.html)

Das ermöglicht ein höheres Datenvolumen und damit das lange erwartete „Internet der Dinge“, in dem ganz normale Haushaltsgegenstände, wie der Kühlschrank, aber auch Fabriken und selbstfahrende Autos mit dem Internet verbunden sind. Stellen Sie sich vor, Sie empfangen Live-Statusberichte von Ihrem Kühlschrank und Ihrer Waschmaschine auf dem Smartphone, während Ihr Auto Sie mit diesen Informationen zum passenden Geschäft fährt – und pünktlich nach Hause, wenn die Wäsche fertig ist. Für die Industrie hat es noch eine größere Bedeutung: Dort können ganze Produktionsabschnitte intelligent automatisiert und zugleich in Echtzeit weltweit überwacht und gesteuert werden. Und es gibt noch einen Nutzen:

Der Handel kann Ihnen damit, auf Algorithmen basierend, für jede Lebenslage passende Produkte zu angepassten Preisen anbieten.

Durch die höhere Frequenz erfordert 5G aber auch einen völlig anderen Netzausbau als bei den bisher üblichen Mobilfunknetzen. Zunächst einmal kann man sich 5G ähnlich vorstellen wie WLAN, denn es arbeitet in einem ähnlichen, sehr kurzwelligen Frequenzbereich. Das ist vor allem für die Reichweite wichtig: Sie kennen das ja von Ihrem WLAN-Router zu Hause. Die ohnehin geringe Reichweite wird zusätzlich durch Wände und andere Hindernisse eingeschränkt. Aus diesem Grund müssen zur flächendeckenden Einführung von 5G zahllose Basisstationen errichtet werden – in Großstädten etwa alle 100 m. Im Gegensatz zu herkömmlichen Mobilfunkantennen werden sie allerdings nicht auf Hausdächern, sondern näher am Boden, zum Beispiel an Laternen und Ampeln montiert. Zusätzlich zu tausenden Basisstationen sollen langfristig bis zu 20.000 Satelliten für ein flächendeckendes globales Netz sorgen, mit dem Sie selbst in den entlegensten Gegenden noch Empfang haben und z.B. selbstfahrende Autos nutzen können.

Einen wesentlichen Unterschied zu WLAN gibt es: Ihr WLAN-Router zu Hause hat eine oder zwei Antennen, über die er halbkreisförmig in den Raum funkt. Eine 5G-Basisstation verfügt über zahlreiche Mini-Antennen, die jeweils einen gerichteten Funkstrahl mit hoher Leistung abgeben. Auch im 5G-Handy sind eine Vielzahl gerichteter Antennen kugelförmig verbaut, die mit bis zu 20 Watt Leistung in Richtung der nächsten Basisstation funken.

Sie können sich sicher vorstellen, dass die Strahlungsintensität damit sowohl weltweit als auch am eigenen Ohr deutlich zunehmen wird. Nicht nur in Großstädten, die ohnehin bereits dicht mit Mobilfunkmasten bestückt sind. Sondern auch im ländlichen Raum: Vor allem entlang Autobahnen und Bahnstrecken ist ein dichtes Netz von Basisstationen geplant. Das bleibt nicht ohne Auswirkungen für die Umwelt.

Denn nicht nur Wände und Mauern, sondern auch Bäume behindern die Reichweite der Basisstationen und müssen in großer Zahl weichen.

**Ohne, dass sie wieder aufgeforstet werden müssen.**

Außerdem muss natürlich das 4G-Netz weiter betrieben werden. Es wird dann also mehrere aktive Netze geben: Das 4G-Netz (LTE) in den Frequenzbereichen 800, 1.800 und 2.600 MHz, das 3G-Netz (UMTS) auf 2.100 MHz und das alte 2G-Netz (GSM), das auf 900 und 1.800 MHz funkt. Es wird zurzeit geprüft, ob und wann das alte GSM-Netz und das UMTS-Netz abgeschaltet werden kann. Bis ausschließlich die 5G Antennen alle Frequenzen verwenden sollen, werden wohl noch einige Jahre vergehen, in denen sowohl auf den Dächern als auch auf Straßenlevel Antennen in unterschiedlichen Frequenzbereichen funken.

# Wie gefährlich ist das 5G-Netz für die Gesundheit?

Ob uns mit 5G gesundheitliche Risiken erwarten und ob das 5G-Netz gefährlich für Mensch und Natur ist, lässt sich derzeit noch nicht vollständig absehen. Die Hinweise darauf, dass Mobilfunk, insbesondere 5G, gesundheitsschädlich ist, verdichten sich allerdings. Wie gefährlich ist 5G und welche Risiken drohen für Ihre Gesundheit?

Seit die Einführung von 5G diskutiert wird, taucht immer wieder die Frage nach möglichen Gesundheitsrisiken auf. Das ist gar nicht allzu weit hergeholt: Die für den Netzaufbau verwendeten Frequenzen werden bisher üblicherweise vor allem im WLAN-Bereich, aber auch in Mikrowellenherden genutzt. Vor allem wegen der Verwendung in Mikrowellenherden liegt der Gedanke nahe, dass auch menschliches Gewebe sich erwärmt, wenn man 5G nutzt oder wenn man sich einfach nur in der Nähe einer Basisstation befindet. Doch die Gewebeerwärmung ist nur eines der möglichen Gesundheitsrisiken: Immer wieder wird diskutiert, ob Mobilfunkstrahlung Krebs auslösen kann.

**Risiken durch Mobilfunkstrahlung: Gewebeerwärmung**

In der Mikrowelle erwärmen wir Essen bei etwa 2,4 GHz und 600 Watt Leistung für zwei Minuten und es kocht. Wie sieht es aus, wenn wir mit dem 5G-Smartphone bei 2,4 GHz und 2 Watt Leistung vier Stunden lang telefonieren? Ganz genau weiß das niemand. Klar ist aber, dass hochfrequente Strahlung auch menschliches Gewebe erwärmt. Dafür gibt es inzwischen auch Richtwerte, wie den sogenannten SAR-Wert. Dieser soll einen Wert von 2 Watt pro kg Körpergewicht nicht übersteigen. Strahlungsarme Handys weisen einen SAR-Wert von weniger als 0,5 Watt pro kg Körpergewicht auf. Je geringer der SAR-Wert, desto weniger erwärmt sich das Gewebe zum Beispiel am Ohr, während man telefoniert – aber auch am Bein, wenn das Handy in der Hosentasche liegt.

Diese Strahlung dringt nicht sehr tief in den Körper ein, kann aber oberflächlich durch dauerhafte Erwärmung langfristig das Gewebe schädigen. Außerdem ist unklar, welche Einflüsse die Strahlung auf elektromagnetische Vorgänge in unserem Körper, zum Beispiel auf die Nervenimpulse, hat.

**Risiken durch Mobilfunkstrahlung: Krebs und Erbgutschäden**

Der Wissenschaftler Prof. Dr. Karl Hecht hat lange zu den Risiken elektromagnetischer Felder geforscht und fand eine Reihe von Beschwerden, die er damit in Zusammenhang bringen konnte: „[...] von objektiv erhobenen Befunden neurologischer und neurotischer Symptome, chronischer Müdigkeit, Erschöpfung, Schlafstörungen und Depression, aber auch von Bluthochdruck, Tinnitus und erhöhter Infektanfälligkeit bis zu subjektiven, aber deshalb nicht weniger wirklichen Beschwerden wie Kopfschmerzen, Konzentrations- und Gedächtnisschwäche sowie Schwindel." (https://www.diagnose-funk.org/publikationen/artikel/detail&newsid=932).

Darüber, ob Mobilfunkstrahlung Krebs auslösen kann, herrschte lange Unklarheit. Inzwischen gibt es immer mehr Hinweise, die auf ein tatsächliches Risiko hindeuten: Im Jahr 2017 bestätigte ein Gerichtsurteil, dass ein Hirntumor tatsächlich durch häufige Handynutzung ausgelöst wurde (https://www.spiegel.de/karriere/italien-gehirntumor-durch-handy-nutzung-erstmals-als-berufskrankheit-anerkannt-a-1144218.html).

Die Wissenschaft ist sich darüber einig, dass Mikrowellenstrahlung den menschlichen Körper beeinflusst. Ob sie einen positiven, einen neutralen oder einen negativen Einfluss hat, darüber streiten sich viele Forscher seit Jahrzehnten. Wer die Rechnungen für diese Forschung bezahlt, hat natürlich das Veröffentlichungsrecht und auch die Möglichkeit, die erwünschten Ergebnisse zu erhalten. Auch dann noch, wenn gerichtliche Urteile diesen Streit schon vor Jahren zugunsten der durch Langzeit-Handynutzung geschädigten Tumorerkrankten entschieden haben.

Angeblich sollen in den USA Klagen gegen die Mobilfunkindustrie mit hohen außergerichtlichen Zahlungen und Verschwiegenheitsverpflichtungen beigelegt werden, bevor es zu einer gerichtlichen Entscheidung kommen kann. Denn ein Grundsatzurteil in diesem Bereich kann ganze Industrien vernichten – wie es mit Asbest geschehen ist, das auch 50 Jahre lang trotz wissenschaftlicher Bedenken in vielen Bereichen eingesetzt wurde.

Auch die International Agency for Research on Cancer der World Health Organisation hat sich mit dem Thema eingehend beschäftigt und radiofrequente elektromagnetische Felder als möglicherweise krebserregend eingestuft (https://www.iarc.fr/wp-content/uploads/2018/07/pr208_E.pdf)
– sie gehören nun in Gruppe 2B der möglicherweise krebserregenden Stoffe, wie Blei oder Dieselkraftstoff. Eingeführte Grenzwerte für die Strahlenbelastung zeigen zudem, dass sich auch die Gesetzgeber in der EU nicht ganz sicher sind, dass eine intensivere Strahlenbelastung nicht doch drastische gesundheitliche Folgen haben könnte.

## Internationale Bedenken gegen 5G

In einem 2015 veröffentlichten Appell rufen 244 Wissenschaftler dazu auf, die Grenzwerte für elektromagnetische Strahlung zu überdenken und die möglichen Gesundheitsrisiken ernster zu nehmen: „Zahlreiche kürzlich erschienene wissenschaftliche Publikationen haben gezeigt, dass EMF lebende Organismen weit unterhalb der meisten international und national geltenden Grenzwerte schädigt.

Die Wirkungen umfassen ein erhöhtes Krebsrisiko, zellulären Stress, einen Anstieg gesundheitsschädlicher freier Radikale, genetische Schäden, Änderungen von Strukturen und Funktionen im Reproduktionssystem, Defizite beim Lernen und Erinnern, neurologische Störungen und negative Auswirkungen auf das allgemeine Wohlbefinden der Menschen.

Die Schädigung reicht weit über die Menschheit hinaus, da die Beweise für negative Auswirkungen auf die Pflanzen- und Tierwelt zunehmen." (https://www.diagnose-funk.org/download.php?field=filename&id=220&class=DownloadItem).

Damit sprechen diese Wissenschaftler einen wichtigen Punkt an: Beim Menschen ist die Gewebeerwärmung in der Regel nur oberflächlich, da die hochfrequenten Strahlen nur wenige Millimeter tief in das Gewebe eindringen können. Bei kleineren und filigraneren Lebewesen, insbesondere Insekten und Pflanzen, können die Auswirkungen noch viel dramatischer sein – und es gibt überhaupt noch keine Erfahrungen damit, wie ein globaler, flächendeckender Ausbau des 5G-Netzes sich auf diese auswirkt.

Diese Auswirkungen sind ein Kernpunkt des „5G Space Appeal" vom November 2018, der bereits von tausenden Menschen unterzeichnet wurde: „If the telecommunications industry's plans for 5G come to fruition, no person, no animal, no bird, no insect and no plant on Earth will be able to avoid exposure, 24 hours a day, 365 days a year, to levels of RF radiation that are tens to hundreds of times greater than what exists today, without any possibility of escape anywhere on the planet. These 5G plans threaten to provoke serious, irreversible effects on humans and permanent damage to all of the Earth's ecosystems." ("Wenn die 5G-Pläne der Telekommunikationsindustrie Früchte tragen, dann wird keine Person, kein Tier, kein Vogel, kein Insekt und keine Pflanze auf der Erde es mehr vermeiden können, 24 Stunden am Tag, 365 Tage im Jahr, Dosen von RF-Strahlung ausgesetzt zu sein, die zehn bis hundertfach größer sind als heutige Strahlung. Ohne Chance, irgendwo auf dem Planeten dieser Strahlung zu entkommen."(https://www.5gspaceappeal.org/the-appeal).

Die Deutsche Version: (https://weact.campact.de/petitions/stoppt-den-netzausbau-von-5-g)

Das größte Problem bei all dem ist, dass wir keine Erfahrungswerte haben, was passiert, wenn lebende Organismen über Jahre und Jahrzehnte ständig solcher Strahlung ausgesetzt sind.

Selbst Wissenschaftler können hier nur mit Modellen arbeiten – und es gibt nicht einmal Einigkeit darüber, welche Modelle die Eigenschaften des menschlichen Körpers am besten wiedergeben. Reicht es, den Körper als ein mit Wasser gefülltes Gefäß zu betrachten? Oder ist es vielmehr wichtig, auf elektromagnetische Vorgänge im Körper zu schauen? Nach welchen Veränderungen soll man überhaupt schauen – und weiß man schon, wie diese sich überhaupt langfristig auswirken? Bis die Wissenschaft in einigen Jahrzehnten handfeste Fakten zur Verfügung hat, an denen sich die tatsächlichen Gefahren zweifelsfrei feststellen lassen, sollten wir unseren gesunden Menschenverstand einsetzen.

Dazu rät auch das Bundesamt für Strahlenschutz, kurz BfS, das auf seiner Website alles andere als eine Entwarnung gibt:

„Allerdings bestehen nach wie vor Unsicherheiten in der Risikobewertung, die durch das Deutsche Mobilfunk-Forschungsprogramm nicht vollständig beseitigt werden konnten. Diese betreffen insbesondere

**- mögliche gesundheitliche Risiken einer langfristigen Belastung mit hochfrequenten elektromagnetischen Feldern durch Telefonate mit dem Handy bei Erwachsenen (intensive Handynutzung über mehr als 10 Jahre)**

**- die Frage, ob sich die Nutzung von Mobiltelefonen durch Kinder gesundheitlich auswirken könnte.**

Aufgrund dieser wissenschaftlichen Unsicherheiten rät das BfS dazu, die persönliche Exposition gegenüber elektromagnetischen Feldern vorsorglich gering zu halten."(http://www.bfs.de/DE/themen/emf/mobilfunk/schutz/vorsorge/empfehlungen-handy.html)
Die wenigsten von uns würden kopfüber in ein trübes Gewässer springen, wenn sie den Grund nicht sehen können. Das gleiche Prinzip gilt auch für 5G: Wer vorbeugend die seinem Körper zugeführte Strahlung reduziert, wird damit auch die möglichen gesundheitlichen Auswirkungen aktiv gering halten. Und darum soll es nun gehen!

# Schutz vor 5G-Strahlung und Elektrosmog

Das neue Netz wird für uns alle bald zum Alltag gehören, egal ob wir es selbst nutzen oder nicht. Aber wie schütze ich mich vor 5G? Wann ist eine 5G-Abschirmung sinnvoll und was kann ich zum Schutz vor 5G-Strahlung im Alltag tun? Hier erfahren Sie mehr.

Natürlich gibt es grundsätzlich einen gesetzlichen Schutz – die Mobilfunkanbieter dürfen Sie nicht unbegrenzt mit willkürlicher Leistung bestrahlen. Dabei müssen Sie aber auch bedenken: Bisher sind mehr Menschen im Mobilfunksektor beschäftigt als Menschen nachweislich durch den Mobilfunk erkrankt sind. Im Jahr 2000 wurden die 3G-Lizenzen für unglaubliche 50 Milliarden Euro an sechs Anbieter versteigert. Alleine 2015 sind für 4G Lizenzen zirka 5,08 Milliarden Euro in die Kassen der Bundesnetzagentur geflossen, 2019 zirka 6,55 Milliarden Euro und es kommen noch mehr. Der Gesetzgeber wird also bei seinen Grenzwerten auch immer abwägen, welche Entscheidung die vorhandenen Arbeitsplätze am wenigsten gefährdet und den unterschriebenen Verträgen entsprechen. Kurz gesagt: Ihre Gesundheit ist bei staatlichen Vorsorgemaßnahmen nicht immer der einzige und wichtigste Faktor.

Deshalb möchte ich Ihnen in diesem Kapitel einige einfache und wirksame Möglichkeiten zeigen, Ihre eigene Strahlenexposition, also das Ausmaß, in dem Sie der Strahlung ausgesetzt sind, selbst aktiv zu reduzieren. Die einfachste und wichtigste Grundregel dabei sind die sechs A's der Internationalen Gesellschaft für Elektrosmog- Forschung IGEF:

**Aufmerksamkeit,**
**Abschalten,**
**Abstand,**
**Abschirmen,**
**Abschaffen,**
**Anschaffen.**

**Das bedeutet konkret:**

# Die 6A´s der IGEF

**1 - Aufmerksamkeit -** Informieren Sie sich, welche Geräte in Ihrer Umgebung Quellen von Elektrosmog und Handystrahlung sind (z.B. auch zahlreiche SmartHome-Geräte).

**2 - Abschalten -** Nutzen Sie nicht den Standby-Modus, sondern schalten Sie nicht genutzte elektrische Geräte immer vollständig ab oder ziehen Sie, wenn das nicht möglich ist, den Stecker.

**3 - Abstand -** Halten Sie immer möglichst viel Abstand zu elektrischen Geräten – mindestens einen Meter.

**4 - Abschirmen -** Nutzen Sie Abschirmmaterialien und Abschirmfarben, um die Strahlung in bestimmten Bereichen Ihrer Wohnung zu verringern.

**5 - Abschaffen -** Trennen Sie sich von strahlungsintensiven, veralteten Geräten sowie von Geräten, die Sie nicht wirklich benötigen und die viel Elektrosmog verursachen.

**6 - Anschaffen -** Kaufen Sie nur Geräte mit nachweislich geringer Strahlungsintensität und Prüfsiegel: TCO-Label, IGEF-Prüfsiegel, Blauen Engel (SAR-Wert mit max. 0,5 W/kg).
Wenn Sie ein Bioresonanz-Produkt kaufen wollen, fragen Sie vor dem Kauf nach eventuell vorhandenen Untersuchungsberichten bzw. Gutachten unabhängiger Institutionen hinsichtlich der Schutzwirkung des Produkts gegen Elektrosmog. Um die angebotenen Bioresonanz-Produkte selber zu überprüfen, empfiehlt es sich einen individuellen kinesiologischen Test zu machen. (https://www.elektrosmog.com/produkte/individuelle-gesundheit)

Diese 6 A's sind natürlich so universell, wie sie allgemein sind – deshalb möchte ich Ihnen an dieser Stelle auch noch ein paar konkrete Tipps für die Handynutzung sowie für Ihren Arbeits- und Schlafbereich geben:

# Tipps für die Handynutzung

Die Grundregel lautet: So wenig wie möglich. Führen Sie kurze Gespräche oder senden Sie stattdessen, wenn es Sinn macht, eine Textnachricht. Wenn Sie eine Freisprecheinrichtung oder Kopfhörer, idealerweise ein Air-Tube-Headset, bei dem der Schall durch einen hohlen Schlauch ins Ohr geführt wird, nutzen, dann müssen Sie das Handy beim Telefonieren nicht an den Kopf halten. Wenn Sie nur bei gutem Empfang telefonieren, dann ist die vom Handy ausgehende Strahlung deutlich geringer – im Auto können Sie außerdem eine Außenantenne nutzen.

Den Hintergrunddatenverkehr können Sie abschalten und nur bei Bedarf zuschalten – während Sie dann Daten bzw. das Internet nutzen, sollten Sie das Handy möglichst weit von sich weghalten. Außerdem ist es nicht empfehlenswert, ein eingeschaltetes Handy am Gürtel oder in der Hosentasche zu tragen. Übrigens sollten Sie auch beim Laden mindestens einen Meter Abstand einhalten.

Nachts sollten Sie das Handy in den Flugmodus oder ganz ausschalten. Sehr beliebt aber wirklich nicht ratsam ist es, das ans Ladekabel angeschlossene Handy nachts in vollem Funkbetrieb mit ins Bett zu nehmen. Darüber hinaus sollten Sie sich die Strahlungswerte Ihres Smartphones anschauen – möglicherweise gibt es eine Alternative, die von vornherein eine weniger starke Strahlung aussendet.

Vorsichtig sollte man auch beim kabellosen Aufladen sein: Beim sogenannten induktiven Laden erfolgt das Aufladen des Akkus über ein starkes elektromagnetisches Feld, in dem sich zwei Spulen befinden. Deshalb ist die Elektrosmogbelastung erheblich größer als beim herkömmlichen Aufladen des Akkus mit einem Ladekabel – je näher man am Ladegerät ist, desto größer wird sie.

**Die 10 wichtigsten Tipps für Ihre Handynutzung**

**Tipp 1 -** Halten Sie Ihre Handy-Gespräche kurz und verwenden Sie zur Kommunikation am besten SMS oder WhatsApp!

**Tipp 2 -** Verwenden Sie zum Telefonieren eine Freisprecheinrichtung, ein Headset (AirTube) oder gleich das Festnetz!

**Tipp 3 -** Schalten Sie den Hintergrunddatenverkehr ab und rufen Sie ihn nur bei Bedarf manuell ab!

**Tipp 4 -** Halten Sie mindestens einen Meter Abstand zu Ihrem Handy, wenn Sie es aufladen!

**Tipp 5 -** Wählen Sie Standorte mit gutem Empfang (am besten so dass alle Empfangsbalken angezeigt werden) und bestücken Sie Ihr Auto mit einer Außenantenne!

**Tipp 6 -** Verwenden Sie strahlungsarme Handys:
https://www.bfs.de/SiteGlobals/Forms/Suche/BfS/DE/SARsuche_Formular.html

**Tipp 7 -** Schalten Sie Ihr Handy vor dem Schlafengehen einfach aus oder (falls Sie den Wecker verwenden wollen) in den Flugmodus / Standby-Betrieb!

**Tipp 8 -** Ihr Handy strahlt beim Telefonieren und beim Datenaustausch ununterbrochen – wenn Sie im Internet surfen oder telefonieren, halten Sie so weit wie möglich Abstand zum Gerät!

**Tipp 9 -** Tragen Sie Ihr Handy am Gürtel oder in der Hosentasche? Studien haben gezeigt, dass männliche und weibliche Reproduktionsorgane dadurch gefährdet sind. Versuchen Sie das zu unterlassen oder verwenden Sie Abschirmmaterialien zwischen Ihrem Körper und dem Handy!

**Tipp 10 -** Fragen Sie beim Kauf von Handys nach strahlungsarmen Produkten mit Prüfsiegel wie:
TCO-Label:
https://de.wikipedia.org/wiki/TCO_(Standard)
IGEF-Prüfsiegel:
https://www.elektrosmog.com/das-igef-pruefsiegel
Blauen Engel:
https://www.blauer-engel.de/de/produktwelt/elektrogeraete/mobiltelefone/mobilephones-edition-july-2017

Wenn Sie ein Handy mit Bioresonanz-Produkt kaufen wollen, fragen Sie vor dem Kauf nach eventuell vorhandenen Untersuchungsberichten bzw. Gutachten unabhängiger Institutionen hinsichtlich der Schutzwirkung des Produkts gegen Elektrosmog.
https://www.elektrosmog.com/produkte/individuelle-gesundheit

# Tipps für den Arbeitsplatz

An manchen Arbeitsplätzen ist es kaum möglich, dem Elektrosmog zu entgehen: Bildschirme, WLAN, kabellose Geräte, Diensthandys und vieles mehr strahlt den ganzen Arbeitstag lang in alle Richtungen. Gerade dann ist es wichtig, regelmäßig Pausen einzulegen und idealerweise das Büro für ein paar Minuten ganz zu verlassen – natürlich nicht mit dem Handy am Ohr –, um dem Körper etwas Erholung zu gönnen. Das gilt nicht nur für strahlungsempfindliche Menschen: Auch, wenn Elektrosmog bei Ihnen nicht zu Kopfschmerzen und ähnlichen Symptomen führt, werden Ihnen solche Pausen gut tun.

Darüber hinaus sollten Sie natürlich versuchen, die Strahlung während der Arbeit möglichst gering zu halten. Schalten Sie nicht benutzte Geräte völlig ab oder ziehen Sie den Stecker. Benutzen Sie am Schreibtisch ein kabelgebundenes Festnetztelefon anstelle von Handy oder Schnurlostelefon. Versuchen Sie, Ihren Arbeitsplatz so einzurichten, dass Sie möglichst viel Abstand zu Elektrogeräten einhalten – beachten Sie dabei auch die geltenden Arbeitsschutzempfehlungen! Bei Bildschirmen gibt der TCO-Standard einen guten Anhaltspunkt, um belastungsarme Geräte zu wählen. Und natürlich können Sie mit einem Messgerät die tatsächliche Strahlenbelastung am Arbeitsplatz feststellen.

**Die 10 wichtigsten Tipps für Ihren Arbeitsplatz**

**Tipp 1 -** Legen Sie Pausen ein, wenn Sie körpernah am Computer, Kopierer, mit einer Bohrmaschine oder anderen Elektrogeräten arbeiten!

**Tipp 2 -** Schalten Sie ungenutzte Elektrogeräte aus oder ziehen Sie den Stecker, auch der Umwelt zuliebe.

**Tipp 3 -** Verwenden Sie Ihr Handy nicht in Körpernähe, sondern mit einer Freisprechanlage oder einem Airtube -Headset, vermeiden Sie vor allem Bluetooth Kopfhörer!

**Tipp 4 -** Nutzen Sie im Büro Telefone und Internet mit Kabelanschluss! Schalten Sie WLAN und Bluetooth nur bei Bedarf an. Auch Ihre Daten sind dadurch sicherer!

**Tipp 5 -** Zu länger verwendeten Elektrogeräten sowie Ladegeräten sollten Sie mindestens einen Meter Abstand einhalten!

**Tipp 6 -** Statten Sie Ihr Auto mit einer Freisprechanlage und Außenantenne aus!

**Tipp 7 -** Achten Sie bei Computerbildschirmen auf den Qualitätsstandard https://de.wikipedia.org/wiki/TCO_(Standard)

**Tipp 8 -** An Arbeitsplätzen mit starken elektromagnetischen Feldern, wie zum Beispiel bei Elektroschweißgeräten und Elektromotoren sollten Sie die besonderen Arbeitsschutz-Empfehlungen beachten!

**Tipp 9 -** Wenn Sie auf Nummer-Sicher gehen wollen, messen Sie den Elektrosmog mit Niederfrequenz (NF)- und Hochfrequenz (HF)- Messgeräten.
Wenn Sie Bioresonanz-Produkte selber überprüfen wollen, empfiehlt es sich einen individuellen kinesiologischen Test zu machen!
https://www.elektrosmog.com/produkte/individuelle-gesundheit

**Tipp 10 -** Für die Bewertung der Messergebnisse und Beratung hinsichtlich möglicher Schutzmaßnahmen sollten Sie sich an einen Baubiologen wenden.

## Tipps für Schlafräume

Wir schlafen jeden Tag zwischen sechs und neun Stunden – wenn wir nur in dieser Zeit die Strahlenbelastung reduzieren, macht das schon einen gewaltigen Unterschied. Zusammen mit dem Arbeitsplatz, an dem Sie weitere acht Stunden des Tages verbringen, können Sie mit diesen Tipps also einen bedeutenden Teil Ihres Tages „aufräumen" und die Strahlung, der Sie ausgesetzt sind, deutlich verringern. Und all dies, ohne in den Wald zu ziehen und völlig auf den Komfort des modernen Lebens zu verzichten!

Wie gesagt, jede Veränderung, die Sie in Ihren Schlafräumen vornehmen, wird sich allein durch die lange Zeit, die Sie täglich dort verbringen, sehr deutlich auswirken. Und da Sie ohnehin schlafen, müssen Sie Ihre Nutzungsgewohnheiten nicht einmal verändern. Zunächst gilt natürlich: möglichst wenige Elektrogeräte im Schlafzimmer! Vor allem keine Schnurlostelefone oder deren Basisstationen oder gar WLAN-Router und ähnliche stark strahlende Geräte. Aber möglichst auch keine Fernseher und Computer. Falls Sie einen Smart-TV verwenden, sollten Sie ihn nach Möglichkeit über ein Netzwerkkabel und nicht über WLAN mit dem Internet verbinden.

Zu anderen Geräten, wie Radioweckern, Halogenlampen oder Babyfonen, aber auch Steckdosen und Verlängerungskabeln, sollten Sie mindestens einen Meter Abstand wahren. Das gilt auch für Elektrogeräte im Nachbarzimmer – zum Beispiel für den Fernseher oder den Kühlschrank direkt hinter der Wand am Kopfteil Ihres Bettes.

Ihr Handy sollten Sie nachts in den Flugmodus schalten, wenn Sie es für die Weckfunktion nutzen möchten – es muss aber auch nicht unbedingt mit ins Schlafzimmer und schon gar nicht im vollen Funkbetrieb direkt neben das Kopfkissen oder auf den Nachttisch. Und zu guter Letzt können Sie natürlich auch in Ihren Schlafräumen den Elektrosmog messen und so Belastungen, die zum Beispiel aus der Nachbarwohnung stammen, feststellen.

In einem solchen Fall kann eine Abschirmung hilfreich sein – was das ist und wie Sie mit Abschirmtechniken die Strahlungsbelastung in Ihrer Wohnung reduzieren können, möchte ich Ihnen gleich kurz erklären. Außerdem widme ich mich noch der Frage: strahlt das Handy im Flugmodus?

**Die 10 wichtigsten Tipps für Ihre Schlafräume**

**Tipp 1 -** Verbannen Sie Schnurlostelefone und Basisstationen auf jeden Fall aus dem Schlafzimmer, oder am besten direkt aus Ihrer Wohnung!

**Tipp 2 -** Schalten Sie sämtliche Handys im Schlafzimmer aus oder in den Flugmodus / Standby-Betrieb, falls Sie den Wecker auf Ihrem Handy nutzen möchten.

**Tipp 3 -** Verwenden Sie im Schlafzimmer keine Elektrogeräte wie Fernseher, Stereoanlagen oder Computer, laden Sie Ihr Handy nicht in Körpernähe auf

**Tipp 4 -** Halten Sie mindestens einen Meter Abstand zu netzbetriebenen Geräten wie Radioweckern, Niedervolt-Halogenlampen, Ladegeräten, etc.!

**Tipp 5 -** Platzieren Sie keine Verlängerungskabel neben oder unter dem Bett. Nutzen Sie kein Funk-Babyfon!

**Tipp 6 -** Achten Sie darauf, einen Meter Abstand zu Elektrogeräten in benachbarten Räumen zu halten: Fernseher, Stereoanlagen, Küchengeräte, Elektroboiler, Ladegeräte, schnurlose Telefone etc.

**Tipp 7 -** Schalten Sie Ihr WLAN vor dem Schlafengehen einfach aus, eine Zeitschaltuhr ist eine gute Hilfe, es nicht zu vergessen!

**Tipp 8 -** Achten Sie darauf, dass sich in Ihrem Kopfbereich keine Steckdosen oder unsichtbaren Elektroinstallationen befinden – oder schalten Sie diese mit einem Netzfreischalter ab! Erkundigen Sie sich bei Ihrem Elektroinstallateur!

**Tipp 9 -** Wenn Sie weiterhin Schlafprobleme haben, messen Sie den von außen kommenden Elektrosmog mit Niederfrequenz (NF)- und Hochfrequenz (HF)- Messgeräten.
Bei Bioresonanz-Produkte, empfiehlt es sich einen individuellen kinesiologischen Test zu machen!
https://www.elektrosmog.com/produkte/individuelle-gesundheit

**Tipp 10 -** Für die Bewertung der Messergebnisse und Beratung hinsichtlich möglicher Schutzmaßnahmen sollten Sie sich an einen Baubiologen wenden.

# Abschirmung

Um sich vor elektromagnetischer Strahlung zu schützen – sowohl von elektrischen Geräten als auch von der Strahlung, die von 4G-Sendeanlagen und 5G-Basisstationen oder Stromleitungen ausgeht – muss man nicht in einen unterirdischen Bunker aus Stahlbeton ziehen. Das wäre möglicherweise sogar kontraproduktiv, ich werde gleich erklären, warum. Aber uns stehen heutzutage auch Abschirmtechniken zur Verfügung, die mit relativ geringem Aufwand in Ihrer bisherigen Wohnung oder in Ihrem Haus Strahlung und Elektrosmog wirksam blockieren können.

Dabei kommt es aber nicht nur darauf an, möglichst gut abzuschirmen – so eine Maßnahme will auch gut geplant sein. Denn eins vergessen viele Menschen oft: Je schlechter der Empfang wird, desto höher wird die Sendeleistung der Geräte, sowohl Smartphones als auch WLAN-Geräte, wie Laptops, SmartHome-Geräte oder Drucker. So kompensieren die Geräte die schlechtere Netzabdeckung. Und der stärkste Strahlensender ist üblicherweise das Handy am eigenen Ohr: Wenn Sie Ihre Wohnung so gut abschirmen, dass Sie kaum noch Netz haben, dann kann sich Ihre tatsächliche Strahlenexposition sogar vergrößern – und zwar direkt am Kopf! Deshalb wäre es wohl auch nicht hilfreich, in einen Bunker zu ziehen, es sei denn, Sie möchten auf alle Funkverbindungen gänzlich verzichten.

Behalten Sie dies bei Ihren eigenen Abschirm-Projekten immer im Kopf: Es macht in den wenigsten Fällen Sinn, die gesamte Wohnung oder das gesamte Haus abzuschirmen. Das wäre nicht nur ziemlich kostspielig – Sie müssten auch immer zum Telefonieren mit dem Handy die Wohnung oder das Haus verlassen und außerdem auf WLAN, SmartHome-Funktionen und vieles mehr verzichten. Oft macht es schon einen großen Unterschied, wenn Sie zum Beispiel nur Ihre Schlafräume und die Kinderzimmer abschirmen. Dazu stehen Ihnen verschiedene Techniken zur Verfügung:

### Abschirmfarben

Mit nur zwei Anstrichen erzielen die meisten hochwertigen Abschirmfarben bereits eine sehr hohe Abschirmleistung. Insbesondere Farben, die für 5G-Strahlung geeignet sind, sind allerdings oft relativ kostspielig. Daher lohnt es sich oft nicht, das gesamte Haus damit anzustreichen – stattdessen kann zum Beispiel das Schlafzimmer schnell und einfach und ohne komplizierte Umbauten abgeschirmt werden.

### Abschirmgewebe

Im Gegensatz zu den meisten Abschirmfarben sind Abschirmgewebe auch für Böden geeignet. Sie können damit zum Beispiel auch Ihre Heim-Photovoltaikanlage abschirmen um den Elektrosmog, der davon ausgeht, zu verringern.

### Abschirmstoff

Moderne Abschirmstoffe bieten eine sehr flexible und einfache Lösung, sich effektiv vor Handystrahlen und Elektrosmog zu schützen. Sie können einfach ein Abschirm-Baldachin über Ihrem Bett befestigen und schon schlafen Sie ohne Strahlenbelästigung – wenn Sie Ihr Handy nicht mit ins Bett nehmen. Abschirmstoffe sind häufig luftdurchlässig und sind in verschiedenen Stärken verfügbar, von dezenteren, leichteren Modellen bis hin zu stärkeren Modellen mit Vollschutz.

Mit einer vernünftigen Mischung aus einer bewussten Handy- und Elektrogerätenutzung sowie einer geeigneten Abschirmstrategie können Sie die Strahlung, der Sie im Alltag ausgesetzt sind, drastisch verringern. Egal, was die Zukunft uns über 5G zeigen wird, sind Sie so auf der sicheren Seite.

Die Empfehlungen gelten nur für den Fall, dass die Abschirmmaterialien sachgemäß verwendet werden.

Bei unsachgemäßer Verwendung kann es dazu kommen, dass Sie den Elektrosmog sogar noch verstärken. Bitte leisten Sie deshalb unbedingt den jeweiligen Gebrauchsanweisungen Folge und befragen Sie nach Möglichkeit auch einen Sachverständigen, zum Beispiel einen Baubiologen!

**Bioresonanz-Produkte**

Neben den hier erwähnten Möglichkeiten, sich durch abschirmende Gewebe, Farben und Stoffe messtechnisch nachweisbar vor elektromagnetischer Strahlung zu schützen, gibt es weitere Produkte, deren Schutzwirkung sich gesundheitlich vorteilhaft auswirkt. Gemeint sind sogenannte Bioresonanz-Produkte. Wie die Erfahrungen und medizinische Untersuchungen an Testpersonen durch geeignete biophysikalische Messverfahren bestätigen, können diese Produkte die gesundheitlich schädliche Wirkung elektromagnetischer Strahlung verringern, obwohl die herkömmlichen Messgeräte keine Verringerung der elektromagnetischen Strahlung anzeigen.

Es wird angenommen, dass die üblicherweise verwendeten Messgeräte nicht alle biologisch relevanten Komponenten elektromagnetischer Strahlung erfassen; zum Beispiel die als >Bioresonanz< bezeichneten Frequenzen, die von den Bioresonanz-Produkten neutralisierend und harmonisierend beeinflusst werden. Diese Wirkung kann zum Beispiel durch Spiralantennen erreicht werden, deren breitbandige Saugwirkung aus der Antennentechnik bekannt ist.

Dieser Aspekt wird von vielen Messtechnikern nicht beachtet und so neigen sie dazu, Bioresonanz-Produkte als unwirksam zu bezeichnen oder deren positiv wahrgenommene Wirkung als Placeboeffekt abzutun. Zweifellos trägt eine positive Erwartungshaltung grundsätzlich dazu bei, die Wirksamkeit eines Produktes oder einer ärztlichen Behandlung und so auch eines Bioresonanz-Produktes zu erhöhen. Doch das alleine erklärt nicht die positiven Wirkungen, die bei Kindern und Tieren beobachtet wurden, wenn Bioresonanz-Produkte verwendet wurden.

Ob ein Bioresonanz-Produkt als Schutzmaßnahme bei elektromagnetischer Strahlenbelastung geeignet ist, kann durch medizinische Untersuchungen mittels geeigneter biophysikalischer Messverfahren nachgewiesen werden. Zum Beispiel durch die Messung der Herzfrequenzvariabilität; und zwar aus folgenden Gründen:
Das Herz reagiert sowohl auf bewusst wahrgenommene, als auch vom Bewusstsein nicht wahrgenommene Reize, wie z.B. die elektromagnetische Umgebungsstrahlung. Die Herzfrequenzvariabilität ist der wichtigste Parameter zur exakten Beurteilung von Wohlgefühl und Vitalität.

Schwächende oder schädigende Einwirkungen, wie z.B. von Mobilfunkstrahlung und Elektrosmog, werden vom Nervensystem gewöhnlich als vitale Bedrohung erkannt. Bei Dauerbelastung des Organismus durch Störfelder können sich diese Stressparameter nicht normalisieren und führen somit zu einer Reduzierung der Herzfrequenzvariabilität; d.h. die Anpassungsfähigkeit des Organismus an sich verändernde Parameter des Umfeldes wird geringer. Durch diesen Zusammenhang ist die Schutzwirkung eines Produkts über die Messung der Herzfrequenzvariabilität nachweisbar.

Wenn Sie ein Bioresonanz-Produkt kaufen wollen, fragen Sie deshalb vor dem Kauf nach eventuell vorhandenen Untersuchungsberichten bzw. Gutachten unabhängiger Institutionen hinsichtlich der Schutzwirkung des Produkts gegen Elektrosmog.
https://www.elektrosmog.com/produkte/individuelle-gesundheit

Wird ein Produkt als >Produkt gegen Elektrosmog< oder ähnlich bezeichnet, dann muss dies durch ein bereits vorhandenes Prüfprotokoll einer unabhängigen Institution bewiesen werden können, sonst macht sich der Verkäufer aus wettbewerbsrechtlichen Gründen strafbar.

Aus der Elektrosmog-Forschung ist bekannt, dass Bioresonanz-Produkte unterschiedlich wirksam sein können, also auch eine negative Wirkung nicht auszuschliessen ist. Das ist vergleichbar mit der Wirkung eines Medikaments, das den Blutdruck senkt. Bei einem Patienten mit zu hohem Blutdruck ist dieses Medikament positiv wirksam, bei jemandem mit niedrigem Blutdruck kann eine Verschlechterung eintreten.

Um die angebotenen Bioresonanz-Produkte selber zu überprüfen, empfiehlt es sich einen individuellen kinesiologischen Test zu machen. Verlangen Sie deshalb ein Rückgaberecht vom Anbieter. Bei Käufen via Internet oder Katalog hat der Kunde ein 14 tägiges gesetzlich festgeschriebenes Recht auf Widerruf.

# Neue Technologie und Privatsphäre –

## können Alexa, Google Home und Siri, Sie abhören?

In immer mehr Haushalten finden sich digitale Assistenten, wie Alexa oder Google Home. Haben Sie selbst vielleicht ein solches Gerät bei sich zu Hause? Viele praktische Funktionen locken: Timer, Uhr, Musik, Informationen und vieles mehr – ganz einfach per Sprachbefehl verfügbar. Man kann sich Rezepte beim Kochen vorlesen lassen, beim Anziehen am Morgen nach dem Wetterbericht fragen … ständig werden neue Möglichkeiten per Update eingespielt. Und nicht nur im Wohnzimmer oder in der Küche: Mit Siri & Co. tragen wir, wenn wir ein Smartphone besitzen, solche Assistenten auch in der Tasche mit uns herum.

Und seitdem smarte Assistenten den Markt erobern, häufen sich auch kuriose Berichte: So hat ein kleines Kind in den USA unbeabsichtigt ein Puppenhaus und Kekse bei Amazon gekauft – und ein TV-Bericht darüber hat, wiederum unbeabsichtigt, ebenfalls die Sensoren des „intelligenten Lautsprechers" in weiteren Haushalten ausgelöst und zu zahlreichen weiteren Puppenhaus-Bestellungen geführt. (https://www.heise.de/newsticker/meldung/Amazon-Echo-Nachrichtensprecher-loest-Massenbestellung-aus-3591039.html)

In einer Verkettung von missverstandenen Äußerungen als Sprachbefehl wurde in einem weiteren Fall ein privates Gespräch durch Alexa aufgezeichnet – und die Aufzeichnung wurde dann als Sprachnachricht an eine Person aus den privaten Kontakten versendet. (https://www.heise.de/newsticker/meldung/Amazon-Alexa-versendet-selbststaendig-Privatgespraech-4058351.html) Kurz gesagt: Es lässt sich nicht ausschließen, dass diese Geräte nicht nur das tun, was sie für uns tun sollen. Sie können auch immer wieder, unbeabsichtigt und unbemerkt, Gespräche aufzeichnen – und wir haben kaum Kontrolle darüber, was dann damit geschieht.

Aber wie funktionieren diese Sprachassistenten, welche Risiken bestehen tatsächlich und wie kann man sich schützen? In der Regel reagieren die Geräte auf ein Aktivierungswort, etwa, wenn Sie „Alexa“ oder „OK Google“ sagen. Dafür ist das Mikrofon ständig eingeschaltet, zeichnet aber erst nach dem Hören des Aktivierungswortes auf. Das können Sie bei den meisten Geräten auch optisch erkennen, zum Beispiel durch ein LED-Licht oder einen Leuchtring. Dann sagen Sie den eigentlichen Befehl, etwa: „Wie ist das Wetter?“ oder: „Füge Katzenfutter zu meiner Einkaufsliste hinzu!“. Die Sprachbefehle werden nicht im Gerät verarbeitet, sondern auf einem Server des Herstellers, zu dem sie über das Internet übertragen werden. Das alles erfolgt automatisch – zur Verbesserung der Spracherkennung hören sich aber auch immer wieder Mitarbeiter einzelne Aufzeichnungen an. Darüber sollte man sich immer bewusst sein, wenn man ein solches Gerät benutzt – denn die Aufzeichnung kann auch immer wieder versehentlich, zum Beispiel durch den Fernseher, aktiviert werden.

Ein Beispiel: Der Fernseher läuft und in der Fernsehsendung ruft jemand: „Alex!“. Das Google-Smarthome-Gerät missversteht dies als das Aktivierungswort „Alexa“ und startet die Aufzeichnung, während Sie sich am Telefon mit einem guten Freund über eine unangenehme Diagnose unterhalten, die Ihnen Ihr Arzt heute mitgeteilt hat. Die Sprachsoftware erkennt darin keinen Befehl, die aufgezeichneten Daten werden aber an die Qualitätssicherung weitergeleitet und dort von einem Mitarbeiter angehört und abgetippt, um die Qualität der Spracherkennung zu verbessern. Das bedeutet, dass irgend ein fremder Mensch irgendwo in der Welt Ihr privat geführtes Gespräch – zumindest einen kurzen Ausschnitt von einigen Sekunden – hören kann, nachdem der Gesprächsmitschnitt über das Internet um die halbe Welt gereist ist, wobei er zusätzlich potentiell von Hackern abgefangen werden kann. Ihre Privatsphäre liegt also nicht mehr komplett in Ihren Händen – dafür müssten Sie immer sofort verstummen, wenn das Gerät unbeabsichtigt die Aufzeichnung startet. Und Ihre Gäste natürlich auch!

Wenn Sie sich in Ruhe vertraulich unterhalten oder anderweitig die eigene Privatsphäre genießen möchten, ohne immer wieder nachzusehen, ob der Sprachassistent versehentlich aktiviert wurde und aufzeichnet, dann hilft nur eins: Den Stecker ziehen.

**Identitätsklau und Werkspionage per Funk: Wie schütze ich meine Privat- und Geschäftsgeheimnisse?**

Auch RFID- und NFC-Technologie machen das Leben einfacher: Wir können kontaktlos mit der Kreditkarte zahlen und vieles mehr. Das funktioniert, indem ein Funksignal einen passiven Chip erreicht und die dort gespeicherten Informationen ausliest. In der Praxis halten Sie dann zum Bezahlen einfach nur noch Ihre Kreditkarte nah an ein entsprechend ausgestattetes Terminal. Aber überall lauern Einfallstore für Betrüger und Diebe, die die Funksignale abfangen und damit etwa unsere Kreditkarten klonen können. Damit stellen auch die passive und vermeintlich harmlose Near-Field-Communication-Technik (NFC) und RFID ein Risiko dar. Und nicht jeder ist sich dessen bewusst – wissen Sie, ob Ihre neue Kreditkarte einen NFC-Chip hat? Sie erkennen es an einem Funkwellen-Symbol, das sich in der Regel auf der Vorderseite befindet.

Eine weitere „anfunkbare" Plastikkarte in Ihrem Portemonnaie ist Ihr Personalausweis: Darin befindet sich ein RFID-Chip, der den Ausweis fälschungssicher machen soll. Aber Hacker können diesen Chip mit entsprechenden Geräten aus einigen Metern Entfernung auslesen – zum Beispiel, um Ihre Identität zu stehlen. Auch Geschäftsgeheimnisse sind nicht sicher: RFID-Büro- oder Werksausweise, die in der Bahn auf dem Weg zur Arbeit heimlich ausgelesen werden können, bergen ein Risiko für Werksspionage. Zusammen mit Ihren Kreditkarteninformationen ergeben sich unzählige Möglichkeiten für Betrüger. Den besten Schutz vor solchem Datendiebstahl bieten Strahlenschutz-Taschen, die RFID-Signale zuverlässig blockieren. So bleiben Sie und Ihre privaten Daten für Kriminelle unsichtbar, wenn diese zum Beispiel in Menschenmengen mit Scannern nach ungeschützten Informationen suchen.

**Geräte, die ausspähen und abhören: Schützen Sie Ihre Privatsphäre in Zeiten von 5G**

Nicht nur „smarte Assistenten“ sind ein Risiko für die Privatsphäre: Auch jedes Tablet, jeder Laptop und jedes Smartphone verfügt über eine Kamera und ein Mikrofon, die von App-Herstellern und Hackern zum Ausspähen genutzt werden können. Während Sie sich, nichts böses ahnend, privat mit der Familie unterhalten, während Ihre Kinder die Geräte nutzen, in intimen Momenten und während Sie vertrauliche geschäftliche Dinge besprechen – oder sich vertrauliche geschäftliche Informationen im Sichtfeld der Kamera befinden. Dafür braucht es nicht mal mehr eine heimlich auf Ihrem Gerät eingeschleuste Malware, die sich aber trotzdem in bestimmten Apps verstecken können.

Mit der neuen 5G-Technologie wird das Abhören noch zunehmen, denn mit mehr verfügbarer Bandbreite können Audio- und Videodaten und viele andere Informationen noch viel schneller transportiert werden: Ihre Handy-Apps werden Ihnen Werbung für Produkte anzeigen, über die Sie sich gerade unterhalten haben – oder Produkte, die die App aufgrund der Auswertung heimlich aufgenommener Fotos Ihres privaten Umfelds für passend hält.

Diebe können über NFC Ihre privaten Daten vom Handy klonen und unerkannt damit auf Ihren Namen und Ihre Rechnung bestellen. Und nicht zuletzt müssen für die kurzwellig funkenden 5G-Basisstationen zahlreiche Bäume im öffentlichen Raum weichen – vielleicht auch der schöne, große Straßenbaum, der verhindert, dass Autofahrer in Ihr Schlafzimmer gucken können.

Das Problem ist: Die meisten Menschen sind sich dessen gar nicht bewusst. Dabei ist es vergleichsweise einfach, sich vor Abhören zu schützen und sich etwas mehr Privatsphäre zu verschaffen: Es gibt Kamerablocker, die auf die Linse geklebt werden und die Sie nur dann öffnen, wenn Sie ein Videogespräch führen möchten. Und es gibt Mikrofon-Blocker zum Einstecken, die verhindern, dass Hacker und Apps heimlich lauschen. Gegen einen solchen physischen Schutz ist Schadsoftware in der Regel machtlos.

Dabei geht es nicht nur um Ihre Privatsphäre, sondern auch um Informationsschutz: Sie nehmen Kriminellen damit die Möglichkeit, sich in Ruhe unbemerkt in Ihrem Haus umzusehen oder an vertraulichen Meetings „teilzunehmen".

Und **es geht nicht** nur **darum, ob man „etwas zu verbergen" hat**. Denn die privaten Unternehmen nutzen unsere privaten Informationen auch, um selbst mehr Profit zu erwirtschaften. Stellen Sie sich vor, Produkte im Onlineshop sind plötzlich teurer, weil der Anbieter genaue Kenntnis Ihrer wirtschaftlichen Verhältnisse hat? Das klingt wie Science-Fiction, aber tatsächlich gibt es bereits Anbieter, die etwa Apple-Nutzern höherpreisige Angebote anzeigen, weil sie annehmen, dass diese bereit sind, mehr Geld auszugeben. (https://www.spiegel.de/wirtschaft/service/datenauswertung-bei-orbitz-apple-user-zahlen-mehr-fuer-hotelzimmer-a-840938.html)

Der Grundsatz einer vernünftigen Nutzung all dieser „Abhörgeräte" lautet: Einfach mal abschalten, maschinell und menschlich. Es gibt keinen vernünftigen Grund, smarte Assistenten oder das Smartphone rund um die Uhr laufen zu lassen – ganz abgesehen davon, dass Sie mit dem Abschalten all dieser funkenden Geräte auch die elektromagnetische Strahlung, der Sie täglich ausgesetzt sind, drastisch reduzieren können. Nutzen Sie die Geräte, wenn es sinnvoll und hilfreich ist, aber lassen Sie sich nicht rund um die Uhr überwachen!

# Handystrahlung im Flugmodus

Eine häufige Frage, die mir immer wieder gestellt wird, ist: Reicht es aus, das Handy nachts in den Flugmodus zu schalten, oder sollte ich es ganz abschalten? Und was passiert überhaupt, wenn das Handy im Flugmodus ist?

Grundsätzlich werden im Flugmodus alle Funkverbindungen des Gerätes, von der Sendeantenne über die WLAN-Antenne bis hin zu BLUETOOTH und NFC, abgeschaltet. Damit erzielt man natürlich mit dem Flugmodus einen großen Unterschied bei den Strahlungswerten. Das Handy ist allerdings selbst nicht abgeschaltet und kann weiter benutzt werden – damit gibt es auch, wie alle anderen elektrischen Geräte, weiterhin elektromagnetische Strahlung ab. Außerdem geben viele Geräte weiterhin elektromagnetische Impulse ab, nur viel schwächer als im Normalbetrieb.

Wenn sich das Handy im Flugmodus befindet, können Sie optional einzelne Funktionen, wie WLAN oder BLUETOOTH, wieder einschalten. Das ist im Flugzeug sinnvoll, wenn auf dem Flug WLAN angeboten wird und man dieses nutzen möchte – oder auch für BLUETOOTH-Kopfhörer. Aber natürlich ist auch dann die Strahlung nicht wirklich nennenswert reduziert und für die Nacht sollten Sie unbedingt alle Funkverbindungen ausgeschaltet lassen.

Wenn es im Flugzeugmodus noch strahlt, ist es dann besser, das Telefon ganz abzuschalten? Ja und nein. Auch damit wird die elektromagnetische Strahlung natürlich weiter reduziert. Viele Modelle schalten sich mit der „Abschalten"-Funktion aber nicht völlig ab, sondern nur in eine Art Standby-Modus, in dem sie weiterhin eine schwache Strahlung abgeben. Vollkommen sicher gehen Sie nur, wenn Sie den Akku entnehmen – dann wird das Handy nicht mehr mit Strom versorgt und kann folglich auch nicht mehr strahlen.

Nur dann ist ein Handy übrigens auch wirklich vor Abhören geschützt. Später zeige ich noch, wie Ameisen selbst auf ein abgeschaltetes Handy reagieren.

Wenn Sie nachts völlig strahlungsfrei schlafen möchten, ist das Handy im Flugmodus auf dem Nachttisch also noch nicht die perfekte Lösung. So lange sich der Akku im Gerät befindet, sind in der Regel auch noch elektromagnetische Strahlen messbar und das Handy abhörbar. Wenn der Akku im Gerät fest verbaut ist oder Ihnen das abendliche Akku-Entnehmen zu aufwändig ist, können Sie Ihr Smartphone für die Nacht auch einfach ausschalten und in ein geeignetes Abschirmmaterial verpacken. Das Abschalten ist dabei besonders wichtig: Wenn es im vollen Betrieb bleibt, dann wird das Handy die Abschirmung mit einer stärkeren Sendeleistung zu kompensieren versuchen. Wenn die Abschirmung dann nicht 100 % dicht ist, riskieren Sie eine höhere Strahlung als wenn Sie das Handy einfach im Flugbetrieb auf dem Nachttisch legen würden.

# EMF-Risiken für Kinder und Babys

Wenn wir uns und unsere Familie vor Mobilfunkstrahlung und den möglichen schädlichen Effekten von 5G schützen wollen, dann müssen wir die besonderen Schutzbedürfnisse unserer Kinder berücksichtigen. Das Strahlenrisiko für Kinder und Babys ist deutlich höher, denn sie reagieren besonders empfindlich auf elektromagnetische Strahlung.

**Das Bundesamt für Strahlenschutz (BfS) weist darauf hin, dass die möglichen Folgen für Kinder weitgehend unerforscht sind.**

Was sind die Risiken und wie kann man Kinder besser vor Handystrahlung schützen?

Zunächst einmal befinden sich Babys, Kleinkinder und Kinder im Wachstum. Jegliche schädlichen Einflüsse wirken sich deshalb langfristig stärker aus als bei erwachsenen Menschen. Dazu kommt eine niedrigere Knochendichte, die ein tieferes Eindringen von Strahlen, zum Beispiel ins Gehirn, ermöglicht. Und darin liegt bereits ein erstes Risiko: In einer Studie wurde gezeigt, dass der Einfluss durch elektromagnetische Felder die Hirnaktivität von Kindern messbar verändern kann (https://www.frontiersin.org/articles/10.3389/fnins.2018.00190/full).

Außerdem absorbieren Kinder Mikrowellenstrahlung allgemein stärker als Erwachsene – in einer Studie aus den USA zu dieser Problematik (https://www.diagnose-funk.org/publikationen/artikel/detail?newsid=333) wurde nachgewiesen, dass solche Strahlen zu möglichen Störungen der Hirn- und Nervenentwicklung, zu ADHS und zu einem erhöhten Risiko für verschiedene Tumore führen können.

Wir sollten grundsätzlich von strahlenden Spielzeugen für Kinder absehen, wie etwa WLAN-gesteuerten-Autos, -Hubschraubern oder Drohnen sowie auch Kinder-Apps auf Tablets oder Smartphones.

Auch kabellose Sensoren im Schnuller und Windeln, die drahtlos mit dem Smartphone der Eltern kommunizieren, verursachen unnötige Strahlenbelastung. All diese Anwendungen sind vermeintlich eine Erleichterung für die Eltern, können aber langfristig verheerende und zum Teil noch gar nicht absehbare Folgen für die Kinder haben.

Doch die Strahlung ist nicht alles: Immer wieder zeigen Studien, dass eine erhöhte Mediennutzung für Kinder nicht besonders gut ist und zu allen möglichen Problemen, von Aufmerksamkeitsstörungen bis hin zu Übergewichtigkeit, führen kann. Grundsätzlich gibt es also mehrere Gründe, die Smartphone- und Tablet-Nutzung für Kinder möglichst einzuschränken. Wenn Kinder das Smartphone zum Spielen nutzen, sollten Sie die Datenverbindung abschalten und, wenn Internet benötigt wird, WLAN zuschalten. So wird, wenn sie die Geräte mal ausnahmsweise nutzen dürfen, unnötige Strahlung deutlich reduziert.

Insbesondere im Hinblick auf Strahlung ist dies aber nur ein Teil der möglichen Schutzmaßnahmen – Sie sollten auch Ihre eigene Smartphone-Nutzung bewusst anpassen. Dazu zählt zum Beispiel, schon während der Schwangerschaft das Handy möglichst wenig zu nutzen und es auf keinem Fall zum Beispiel auf dem Bauch abzulegen. Das Handy gehört auch weder in den Kinderwagen noch ins Kinderbett. Zusätzlich können Sie elektromagnetische Felder reduzieren, indem Sie im Kinderzimmer auf elektrische Geräte, vor allem in der Nähe des Bettes, verzichten und beim Babyfon auf strahlungsarme Varianten setzen.

Gerade bei starker Strahlenbelastung, zum Beispiel, wenn es in Ihrer Wohnung viele elektronische Geräte gibt, sowie WLAN und Smartphones, oder sich ein Mobilfunkmast oder eine 5G-Basisstation in der Nähe Ihrer Wohnung befinden, sollten Sie auch über Abschirmungsmaßnahmen nachdenken. Es gibt Abschirm-Baldachine für Babybetten und auch Abschirmfarbe für das Kinderzimmer ist eine mögliche Lösung.

Hier gilt natürlich wieder der Hinweis, unbedingt die Gebrauchsanweisung zu befolgen – insbesondere in Verbindung mit einem Funk-Babyfon kann die Strahlenbelastung sonst am Ende höher sein als zuvor.

Für viele Eltern stellt sich die Frage: **Ab wann sollte mein Kind ein eigenes Handy haben?** Gerade, wenn das Kind oft allein unterwegs ist, fühlen Sie sich bestimmt sicherer, wenn es immer erreichbar ist und Sie bei Problemen anrufen kann, dafür langt aber schon ein strahlungsarmes Handy ohne Smartphone Funktion.

Aber nicht nur die Strahlung ist bedenklich, eine übermäßige Nutzung von Spielen auf dem Handy kann auf Dauer auch schädlich für die motorische Entwicklung sein. Denn Kinder müssen auch mit dem ganzen Körper spielen. Bevor ein Kind etwa zehn Jahre alt ist, überwiegen aus meiner Sicht und auch aus der Sicht vieler Experten die negativen Effekte. Mit 12 Jahren wird ein Kind wiederum unter einem großen sozialen Druck stehen, denn die meisten Freunde haben dann bereits ein eigenes Handy und Kinder sind in diesem Alter schon etwas selbständiger. Bill Gates (Microsoft Gründer) hatte die Regel, dass seine Kinder erst ab 14 Jahren ein eigenes Handy haben dürfen. Steve Jobs (Apple Gründer) soll seinen Kindern sogar verboten haben mit dem iPad zu spielen.

Ob Ihr Kind nun mit zehn oder 14 Jahren das erste eigene Handy bekommt oder noch später, hängt sicher von vielen Faktoren ab. Grundsätzlich sollten aber immer klare Regeln für die Nutzung und die tägliche Nutzungsdauer gelten. Und das Handy sollte vor allem nicht rund um die Uhr eingeschaltet und in der direkten Umgebung Ihres Kindes sein.

Wie sieht es denn mit Videotelefonaten mit den Großeltern aus? Es ist völlig klar, dass dies, vor allem, wenn man weit auseinander wohnt, für beide Seiten zu den Highlights des Tages gehört. Auch hier sollten Sie sich aber bewusst machen, dass Sie Ihr Kind jedes Mal einer möglicherweise schädlichen Strahlung aussetzen.

Das Handy sollte einen Mindestabstand von einem Meter zum Baby oder Kind haben und Sie sollten auf guten Empfang achten, im Zweifelsfall WLAN verwenden und sich so positionieren, dass das Kind nicht zwischen Handy und Router sitzt. Und auch wenn es schwer fällt: Vier oder fünf Stunden Videotelefonie pro Tag sind einfach viel zu viel. Nehmen Sie lieber im Flugzeugmodus kurze Videoclips auf und senden Sie diese dann an die Verwandten.

Mehr zu dem Thema Kinder und Elektrosmog finden Sie unter:

https://www.elektrosmog.com/elektrosmog-kinder

Ein weiterführendes Buch zum Thema Mikrowellen-Strahlung finden Sie unter:

https://www.amazon.de/Herr-Wulf-Dietrich-Rose/e/B07J3XTPHQ/ref=dp_byline_cont_book_1

# 5G-Frequenzen: Geschwindigkeit und Reichweite

Nachdem nun die Gefahren der 5G-Frequenzen und die Schutzmöglichkeiten geklärt sind, bleibt eine Frage offen: Was bringt Ihnen die 5G-Geschwindigkeit eigentlich im Alltag, was wird dadurch besser und was wird sich verändern?

Die versprochenen Möglichkeiten sind gigantisch. Ganze Fabriken sollen sich in Echtzeit weltweit steuern lassen. Autonom fahrende Autos sollen ihre Fahrer sicherer ans Ziel bringen. Mit riesigen Downloadraten sollen wir unterwegs Filme in 4K-Qualität auf dem Handy anschauen können – und unsere Häuser und Wohnungen werden mit smarten Geräten komplett vernetzt, so dass sich alles, vom Licht über die Jalousien bis zur Kaffeemaschine und der Heizung oder Klimaanlage bequem auch von unterwegs mit dem Smartphone bedienen lässt.

Kurz gesagt: Alle Beschränkungen bei Bandbreite und Geschwindigkeit, die uns bisher noch von den kühnsten Technikfantasien abgehalten haben, sollen mit 5G fallen. Aber ist dies im Alltag auch wirklich so? Was wird 5G Ihnen bringen: auf dem Weg zur Arbeit, beim Einkaufen, zu Hause und auf Reisen?

Tatsächlich sind die meisten dieser Funktionen auch bereits mit 4G verfügbar und im Alltag lasten wir die mit 4G mögliche Bandbreite noch nicht einmal voll aus. Dafür gibt es einen ganz einfachen Grund. Stellen wir uns einmal vor, alle Menschen würden 5G nutzen. Und nun wollen 50 Menschen zugleich einen Film von einem Server streamen – mit einer Downloadrate von 1,3 Gigabytes pro Sekunde. Der Server müsste also pro Sekunde eine Bandbreite von 65 Gigabytes zur Verfügung stellen, selbst für eine so überschaubare Zahl von Nutzern.

Und schon heute brechen Server regelmäßig wegen großem Ansturm zusammen, obwohl der Datenhunger der Endgeräte noch vergleichsweise winzig ist. Damit wir also wirklich die volle Leistung von 5G nutzen könnten, müssten die Anbieter von Medien-, Streaming- und Downloadplattformen selbst massiv in ihre Infrastruktur investieren – das werden sicher nur einige große, kostenpflichtige Premium-Anbieter tun. Ganz abgesehen davon, dass es nicht nötig ist, einen 90 Minuten langen, 5 GB großen Film in knapp vier Sekunden zu streamen. In der Regel reicht hier LTE, das dies optimalerweise in etwa 40 Sekunden schaffen dürfte und auch in der Praxis oft nur wenige Minuten braucht, schon vollkommen aus.

Und wie sieht das mit dem autonomen Fahren aus? Hier sind die Bandbreite und die Reaktionsgeschwindigkeit nur zwei von vielen Problemen, die noch auf dem Weg zur Marktreife zu lösen sind. Dazu gehören nicht nur rein technische Herausforderungen, sondern auch ethische, moralische und politische Fragen: Wie soll sich ein autonomes Auto entscheiden, wenn es vor der Wahl steht, mit einem Fußgänger auf der Straße vor sich zu kollidieren oder auf den Fußweg auszuweichen, auf dem Kinder laufen? Auch wenn so eine Situation hoffentlich nicht all zu häufig sein dürfte, muss die Programmierung solcher Fahrzeuge auch darauf vorbereitet sein – und selbst Philosophen können hier keine universell gültige Antwort geben. Außerdem sind unzählige rechtliche Fragen zu klären, von der Frage, ob die Fahrzeuginsassen alkoholisiert sein dürfen über die Frage der Schuld bei einem Unfall bis zur Frage, ob man überhaupt noch personengesteuerte Fahrzeuge erlauben darf, wenn autonome Fahrzeuge sich als sicherer erweisen. Kurz gesagt: Auch mit der Einführung von 5G wird es noch eine Weile dauern, bis das autonome Fahren zur Realität wird – wenn sich die zahlreichen Probleme überhaupt als lösbar erweisen.

Das Smarthome mit all seinem Komfort wird häufig als ein weiterer Vorteil von 5G gepriesen. Tatsächlich sind fast alle Smarthome-Funktionen allerdings schon heute problemlos mit WLAN nutzbar – und das bietet noch einen weiteren Vorteil.

Denn sollte das Internet einmal ausfallen, lässt sich so das Licht dennoch weiter ein und ausschalten. Die ortsunabhängige Steuerung des Smarthomes, inklusive Zugriff auf Videokameras und vieles mehr, lässt sich wiederum jetzt schon problemlos mit 4G nutzen. Im Übrigen macht WLAN noch aus einem weiteren Grund mehr Sinn: Das Signal des WLAN-Routers im Haus ist üblicherweise stärker und stabiler als das Signal einer Basisstation auf der Straße, das erst die dicken Hauswände durchdringen muss. So müssen die smarten Geräte bei einem WLAN-basierten Smarthome oft deutlich weniger stark strahlen.

Den größten Nutzen von der Einführung der 5G-Technologie hat vermutlich die Industrie, die in großen Produktionsanlagen nun komplexe Prozesse besser automatisieren und global vereinheitlichen und steuern kann. Dort sind die Vorteile tatsächlich erstaunlich: Ein vorhandenes 5G-Netz ersetzt komplett die aufwändige Vernetzung großer Industrieanlagen mit einem eigenen WLAN. Global verstreute Produktionsstätten können in Gruppen zusammengefasst und synchron gesteuert sowie überwacht werden und smarte Sensoren und Maschinen, die in Echtzeit reagieren, können Produktionsprozesse drastisch optimieren. Allerdings fallen auch nur unter solchen Bedingungen Datenmengen an, die Bandbreiten, wie sie 5G ermöglicht, tatsächlich auslasten können. Auch in Krankenhäusern und ähnlichen Einrichtungen hat 5G tatsächlich erhebliches Potential.

Der Preis, den wir dafür zahlen, ist aber kein geringer. Und das ist tatsächlich wörtlich zu nehmen. Denn die großen Telekommunikationsunternehmen haben die 5G-Lizenzen für teures Geld ersteigert. Und diese Ausgaben müssen sie natürlich damit auch wieder erwirtschaften. Als Mobilfunknutzer, egal, ob man vorerst beim LTE-Netz bleibt oder sich für den Umstieg auf 5G entscheidet, wird man sich also auf absehbare Zeit nicht auf sinkende Handykosten freuen dürfen. Vor allem dann, wenn die meisten Vermarktungsmodelle für 5G, wie SmartHome und autonomes Fahren, nicht direkt durchstarten werden.

Wir zahlen aber noch einen weiteren Preis, den wir nicht mit Geld bezahlen: Wie ich bereits gezeigt habe, wird für den flächendeckenden Ausbau mit 5G eine riesige Anzahl Basisstationen benötigt, die sehr schnell überall sein und natürlich auch funken werden, auch wenn man sie nicht überall sehen wird, zum Beispiel dadurch, das sie in Laternen und Ampeln integriert werden. Nur durch geeignete Messgeräte werden alle strahlenden Antennen noch wahrzunehmen sein, dazu später mehr. Zusätzlich werden tausende Satelliten ins All geschickt, um die Erde aus allen Winkeln mit hochfrequenter elektromagnetischer Strahlung zu bestrahlen.

Ein Problem könnte auch die geringe Reichweite der 5G-Frequenzen darstellen: Wie bereits am Anfang gezeigt, bewegen sie sich im Frequenzbereich von WLAN. Und das bringt noch mehr Schwierigkeiten als nur die Anzahl der benötigten Basisstationen. Sie können sich sicher gut vorstellen, dass im Untergeschoss eines Hauses der Empfang drastisch abnimmt – und das Handy entsprechend stärker funkt, mit gerichteten Funkstrahlen. Und nicht nur das Handy: bei entsprechender SmartHome-Ausstattung auch Ihr Kühlschrank, Ihr Fernseher, die Überwachungskamera an der Kellertür sowie die Jalousie und die Lampen im Schlafzimmer oder die Smart Meter (funkenden Stromzähler) im Keller.

Wir begeben uns auf ein Abenteuer mit unklarem Ausgang, denn so eine menschengemachte Strahlenexposition für die gesamte Welt hat es nie zuvor gegeben. Umso sinnvoller wird es, vermeidbare Risiken gering zu halten – zum Beispiel, indem Sie die Menge an elektromagnetischer Strahlung, der Sie täglich ausgesetzt sind, wo immer möglich reduzieren. Denn viele Studien zeigen: Wenn gesundheitliche Schäden auftreten, dann häufig durch eine besonders lange und intensive Strahlenexposition.

Wie Sie sich mit einfachen Methoden und Mitteln effektiv im Alltag schützen können, habe ich Ihnen gezeigt. Zum Abschluss schauen wir noch auf einen entscheidenden Aspekt: Wann geht es denn nun eigentlich los mit 5G?

# Wann kommt 5G in Deutschland?

Die 5G Frequenzen sind in Deutschland an vier Anbieter versteigert worden. Diese haben insgesamt 6,55 Milliarden Euro dafür bezahlt – Geld, das nun für den weiteren Netzausbau fehlt, weshalb nicht damit zu rechnen ist, dass 5G schon in den nächsten Monaten oder in naher Zukunft für die meisten Menschen zum Alltag gehören wird.

Mit den versteigerten Frequenzen sind auch die theoretischen Funktionen von 5G nur eingeschränkt nutzbar – auch hier werden wohl noch einige Jahre vergehen, bis all die Technikfantasien, die sich mit dem neuen Netz verbinden, für die breite Masse der Menschen zur Realität wird. Bereits im Juli 2019 ging allerdings die Telekom mit den ersten Antennen in Berlin und Bonn ans Netz, bis 2020 sollen in den größten 20 Städten des Landes Kunden die Möglichkeit haben, das neue 5G-Netz, zumindest teilweise, zu nutzen.

Mit der Ersteigerung der Frequenzen verpflichten sich die Betreiber zu einem Netzausbau in zwei Schritten: Zuerst soll bis 2022 ein großer Teil der Städte und Verkehrswege erschlossen werden, danach ist bis 2024 ein weitestgehend lückenloser Ausbau entlang Straßen, Wasserstraßen und Schienenwegen geplant. Dabei gilt als Mindestanforderung allerdings eine Bandbreite von 50 bis 100 Mbit/s – wofür nicht unbedingt 5G erforderlich ist. Ein großer Teil dieses Ausbaus wird also vermutlich zunächst aus wirtschaftlichen Gründen mit 4G-Antennen erfolgen. Bis zum offiziellen „Startschuss“ der 5G-Nutzung im Jahr 2022 sollen aber auch bundesweit tausende von 5G Antennen aufgebaut werden.

Bisher sind nur wenige 5G-Smartphones verfügbar und diese können eigentlich nur unwesentlich mehr als herkömmliche 4G-Smartphones. In erster Linie sollen sie bei vollständigem Netzausbau eine schnellere und stabilere Internetverbindung auch bei Großveranstaltungen ermöglichen.

Da die Technologie bisher aber noch nicht so ausgereift ist wie die seit Jahren verwendete 4G-Technologie, sind die Geräte noch nicht so effizient. Dafür sind sie aber vergleichsweise teuer.

# Bonus 1: Mobilfunk – Risiken und Schutz für Tiere

Tiere, egal ob Haustiere, Nutztiere, Wildtiere, Insekten oder Fische, sind die stillen Leidtragenden des weltweit zunehmenden Elektrosmogs. Und im Gegensatz zu uns haben sie kaum eine Wahl: Ihr Hund oder Ihre Katze kann weder das Handy noch das WLAN ausschalten, wenn sie davon Kopfschmerzen bekommen. Insekten, die in der Nähe von Funkmasten nisten, sind den Strahlen täglich ausgesetzt, ob sie wollen oder nicht. Aber wie können Sie wenigstens Ihre Haustiere besser schützen?

Wie wirken sich die Strahlen tatsächlich auf Tiere aus? Dazu gibt es bereits einige Studien: In der so genannten NTP-Studie von 2018 zeigen sich Hinweise darauf, dass Mobilfunkstrahlung das Entstehen von Herz- und Nierentumoren begünstigt und Erkrankungen des Nebennierenmarks bei männlichen Ratten hervorrufen kann. Es ist denkbar, dass das nicht nur Ratten, sondern auch Haustieren, wie Hamstern, Mäusen und Kaninchen so ergehen kann – auch hier bedeutet eine Eindringtiefe von einigen Millimetern schon, dass lebenswichtige Organe erreicht werden.

Noch kleinere Tiere reagieren scheinbar besonders extrem auf elektromagnetische Strahlung: In einer Studie mit Ameisen hat sich gezeigt, dass sie schon bei einem ausgeschalteten Handy mit Ausweichen reagieren und um ein Smartphone im Sprachmodus einen weiten Bogen machten. Bei aktiviertem WLAN eines Notebooks wirkten sie verstört und zeigten deutlich verändertes Verhalten.

Besonders starke Reaktionen zeigten die Ameisen im Versuch auf ein DECT-Telefon, das zu Ataxie und Lähmungen bei den Tieren führte. (https://www.diagnose-funk.org/publikationen/artikel/detail&newsid=1157).

In Zusammenhang damit und auch mit anderen Studien wird sogar davor gewarnt, dass der Mobilfunk mit seinen zahlreichen Sendeanlagen einen erheblichen Beitrag zum seit Jahren zu beobachtenden Insektensterben leistet (https://www.diagnose-funk.org/publikationen/artikel/detail&newsid=1328).

Auch in der Landwirtschaft häufen sich die Berichte über Tiere, die in der Nähe von Sendeanlagen offenbar durch Folgen der dauerhaften Bestrahlung erkranken (https://www.elektrosmog.com/mobilfunk-risiken-und-schutz/mobilfunkopfer-tiere). Welche Auswirkungen solche Sendeanlagen sowie der flächendeckende Ausbau des 5G-Netzes entlang von Straßen, Autobahnen sowie Wasser- und Schienenwegen auf Wildtiere haben, lässt sich bisher noch nicht abschließend feststellen.

Ihre vierbeinigen oder gefiederten Freunde zu Hause müssen aber nicht so sehr unter den Folgen ständiger Bestrahlung leiden, wenn Sie sie bei Ihrer Funk- und Elektrogerätenutzung berücksichtigen. Dafür möchte ich Ihnen hier ein paar einfache und praktische Tipps geben.

In dem Experiment mit den Ameisen hat sich gezeigt, dass WLAN und DECT-Telefone sowie ihre Basisstationen eine besonders starke und offensichtlich unangenehme Wirkung auf die Ameisen hatten. Zum Wohl Ihrer Haustiere sollten Sie deshalb Aquarien, Terrarien, Hamsterkäfige, Vogelkäfige und ähnliches immer möglichst weit vom WLAN-Router und ihrer eventuell vorhandenen Schnurlostelefon-Basisstation aufstellen. Es sollten möglichst auch keine WLAN-Geräte, wie Notebooks, Smart-TVs oder SmartHome-Geräte in der Nähe sein. Gleiches gilt natürlich auch für Hunde- und Katzenbetten oder ihre Lieblings-Liegedecken.

Wenn Sie in der Nähe eines Mobilfunkmastes wohnen, können Sie Ihren Tieren – Hunden und Katzen, aber auch Nutztieren, wie Schafen, Kühen, Hühnern oder Pferden – einen strahlungsarmen Rückzugsraum anbieten. Dazu können Sie zum Beispiel die Hundehütte oder den Stall mit Abschirmmaterialien vor Strahlung schützen. Es gibt auch abschirmende und strahlungsableitende Hundebetten im Handel. Wenn Sie Ihre Wohnräume ohnehin bereits abgeschirmt haben, profitieren natürlich auch die Haustiere in der Wohnung bzw. im Haus davon.

Auch Ihre Haustiere profitieren natürlich davon, wenn Sie sich mit einem Elektrosmog-Messgerät ein genaues Bild von der Strahlenbelastung in Ihrer Wohnung machen. Mehr darüber erfahren Sie jetzt.

# Bonus 2: Messgerät für elektromagnetische Strahlung

Wenn Sie, wie das Bundesamt für Strahlenschutz empfiehlt (http://www.bfs.de/DE/themen/emf/mobilfunk/schutz/vorsorge/vorsorge_node.html), Ihre Strahlenexposition verringern möchten, dann stehen Sie vor einem großen Problem: Die Strahlen sind nicht sichtbar. Sie können sie auch nicht spüren, riechen oder schmecken. Das bedeutet, dass Sie ein Messgerät benötigen, um festzustellen, wo die Strahlung besonders stark ist und welcher Strahlung Sie überhaupt in Ihrer Wohnung oder am Arbeitsplatz ausgesetzt sind.

Dabei gibt es allerdings zwei unterschiedliche Arten von Messgeräten, die zwei unterschiedliche Frequenzbereiche messen können. Deshalb ist es zunächst wichtig, zu überlegen: Was wollen Sie messen und welche Art von Strahlung verursacht womöglich die meisten Probleme?

In der Regel werden beide Arten von Messgeräten eingesetzt, um das gesamte Frequenzspektrum von Elektrosmog abzudecken.

Zunächst gibt es den niederfrequenten Elektrosmog. Dieser geht zum Beispiel von Stromnetzen, Trafos, Steckdosen, Bahnleitungen und anderen stromführenden oder stromwandelnden Geräten – und auch zum Beispiel von Heim-Solaranlagen – aus. Um solche Felder festzustellen, benötigen Sie ein so genanntes NF-Messgerät für Niederfrequenz. Das Gerät misst das Magnetfeld und das elektrische Feld jeweils einzeln.

Dann gibt es den hochfrequenten Elektrosmog. Dieser wird von funkenden Geräten abgegeben, zum Beispiel von WLAN-Routern, WLAN-Laptops, Schnurlostelefonen und Mobilfunkgeräten bzw. Mobilfunkantennen. Die HF-Messgeräte, mit denen Sie diese Art von Elektrosmog feststellen können, messen die Leistungsflussdichte der gesamten elektromagnetischen Welle.

Da der Hoch- und Niederfrequenzbereich unterschiedlich gemessen werden, sind in der Regel zwei getrennte Geräte erforderlich. Einige dieser Geräte zeigen Ihnen direkt die umgerechneten Werte an, so dass Sie die Messwerte schnell und einfach mit gängigen Richtwerten vergleichen können. Bei der Wahl des Hochfrequenz-Messgeräts sollten Sie sich außerdem informieren, ob das Gerät bis in den 5G-Frequenzbereich oberhalb von 3 GHz messen kann.

Niederfrequente Felder strahlen dabei oft nur wenige Zentimeter weit – eine Steckdose in einem Meter Entfernung von Ihrem Bett dürfte am Kopfkissen kaum noch messbar sein. Eine DECT-Basisstation oder ein WLAN-Router strahlen hingegen deutlich weiter. Hochfrequenzstrahlung kann auch von außerhalb der Wohnung kommen. Solche Strahlungsquellen können Sie identifizieren, indem Sie alle Strahlungsquellen in Ihrer eigenen Wohnung abschalten: Stellen Sie die Stromversorgung für Ihre Wohnung und alle mobilen Geräte ab. Wenn Sie immer noch Strahlung messen, kann diese zum Beispiel vom WLAN-Router des Nachbarn oder der Mobilfunkantenne auf dem Dach stammen.

Mit einer gezielten Abschirmung können Sie sich aber auch davor schützen.

Beim Messen selbst sollten Sie langsam und behutsam vorgehen und das Gerät gelegentlich rotieren, um keine Strahlungsquellen zu übersehen. Es ist sinnvoll, häufig genutzten Orten besondere Aufmerksamkeit zu widmen: zum Beispiel den Schlafräumen und dem Bett selbst sowie natürlich dem Kinderzimmer. Wenn Sie Haustiere haben, dann können Sie auch deren bevorzugte Sitz- und Liegeflächen mit untersuchen. Um ein für Ihre Umstände optimales Messgerät zu erwerben, informieren Sie sich am besten im Fachhandel oder fragen Sie einen Baubiologen. Eine pauschale Empfehlung kann ich hierzu leider nicht geben.

## Bonus 3: 5G-fähige Smartphones / Handys kaufen

Jedes Mobilfunkgerät gibt eine unterschiedliche Strahlendosis an die unmittelbare Umgebung ab. Diese Handystrahlung wird von jedem menschlichen Körper aufgenommen und sorgt dafür, dass der Körper sich erwärmt. Dabei hat jedes Handy-Modell eine eigene spezifische Absorptionsrate (SAR), die in Watt pro Kilogramm Körpergewicht angegeben wird. Je höher der SAR-Wert ist, desto stärker ist die Strahlung des Handys und umso wahrscheinlicher sind Risiken für die Gesundheit: Da eine durch Handystrahlen verursachte Gewebeerwärmung schädlich sein kann, wurden Grenzwerte für die Handystrahlung eingeführt.

Diese Grenzwerte gelten auch für die neuen, 5G-fähigen Geräte – der SAR-Wert der einzelnen Modelle kann sich aber erheblich unterscheiden und es gibt einige Geräte, deren Strahlungswerte deutlich unter den gesetzlichen Vorgaben liegen.

Bevor Sie sich ein neues 5G Handy zulegen, schauen Sie einfach wie hoch der SAR-Wert ist und nehmen Sie diesen in Ihre Beurteilung des Handys mit auf.

Das Umweltzeichen für Mobiltelefone der „Blaue Engel“ wird zum Beispiel nur vergeben, wenn der SAR-Wert am Kopf max. 0,5 W/kg hat und für den Anwendungsfall "Betrieb des Gerätes am Körper" einen Richtwert von max. 1,0 W/kg.

**Hier finden Sie die SAR-Werte der aktuellen Handys:**

https://www.bfs.de/SiteGlobals/Forms/Suche/BfS/DE/SARsuche_Formular.html

# Schlusswort

Ich hoffe, ich konnte Ihnen nützliches Wissen an die Hand geben, um sich bewusst und umsichtig der neuen 5G-Technologie und den damit verbundenen Unsicherheiten zu stellen. Wie stark die Auswirkungen auf die Gesundheit und die Umwelt sind, werden die nächsten Jahrzehnte zeigen. Wenn Sie sich richtig schützen, brauchen Sie davor aber keine Angst zu haben: Wer jetzt schon seine Strahlenexposition verringert, wird deutlich weniger von eventuellen Langzeitschäden betroffen sein.
Dass es solche Schäden geben wird, ist absehbar: Studien, Gerichtsurteile und selbst die Empfehlungen des BfS deuten darauf hin. Deshalb freue ich mich umso mehr, wenn Sie die Tipps in diesem Buch beherzigen und sich, Ihre Familie und Ihre Haustiere vor übermäßiger Strahlenbelastung schützen. Das muss nicht immer die vollständige Abschirmung sein: Oft macht es schon einen riesigen Unterschied, das Telefon nachts abzuschalten, mobile Daten auszuschalten, wenn sie nicht benötigt werden und das Smartphone beim Telefonieren nicht ans Ohr zu halten.
Außerdem können Sie mit diesen Tipps Ihren Datenschutz wenigstens ein wenig verbessern. Ob es Amazon, die NSA oder die Chinesen sind, ist für die meisten Menschen unerheblich. Nur kaum jemand mag es gerne, einfach 24 Stunden beobachtet zu werden. Auch dagegen können Sie nach der Lektüre dieses Buches etwas tun.

Information statt Angst und Unsicherheit – das ist mir ein wichtiges Anliegen.

Wie Sie mit dem Wissen aus diesem Buch umgehen liegt natürlich ganz bei Ihnen. Ob Sie es nur persönlich anwenden oder gleich an Freunde und Bekannte weiter geben, können nur Sie entscheiden.

***Danke für Ihren Kauf!***
***Hinten im PS finden Sie noch ein paar kostenlose Geschenke.***

# Quellenangaben und Links

**Die Links zu den Quellennachweisen finden Sie hier. Schreiben Sie bitte die Link-Adresse in die Adressleiste Ihres Internet-Browsers, oder googeln sie die Überschriften.**


Die Weltgesundheitsorganisation (WHO):
https://monographs.iarc.fr/agents-classified-by-the-iarc/

Die Europäische Union (EU):
https://eur-lex.europa.eu/legal-content/DE/TXT/?
uri=uriserv:OJ.L_.1999.091.01.0010.01.DEU&toc=OJ:L:1999:091:TOC

Die Internationale Gesellschaft für Elektrosmog- Forschung IGEF:
www.elektrosmog.com

Häufiges Handy-Telefonieren als Ursache von Hirntumoren gerichtlich mehrfach bestätigt:
https://www.elektrosmog.com/tumor-durch-handystrahlung

Prof. Dr. Karl Hecht:
https://www.diagnose-funk.org/publikationen/artikel/
detail&newsid=932

2017 bestätigte ein Gerichtsurteil, dass ein Hirntumor tatsächlich durch häufige Handynutzung ausgelöst wurde:
https://www.spiegel.de/karriere/italien-gehirntumor-durch-
handy-nutzung-erstmals-als-berufskrankheit-anerkannt-
a-1144218.html).

International Agency for Research on Cancer der World Health Organisation:
https://www.iarc.fr/wp-content/uploads/2018/07/pr208_E.pdf

Appell 2015 von 244 Wissenschaftler:
https://www.diagnose-funk.org/download.php?field=filename&id=220&class=DownloadItem

5G Space Appeal von 2018:
https://www.5gspaceappeal.org/the-appeal

Die Deutsche Version:
https://weact.campact.de/petitions/stoppt-den-netzausbau-von-5-g

Bundesamt für Strahlenschutz, kurz BfS:
http://www.bfs.de/DE/themen/emf/mobilfunk/schutz/vorsorge/empfehlungen-handy.html

Strahlungsarme Handys:
https://www.bfs.de/SiteGlobals/Forms/Suche/BfS/DE/SARsuche_Formular.html

https://handystrahlung.ch/sar.php?SAR=A&Sort=Age&List=0

Prüfsiegel für strahlungsarme Produkte:
TCO-Label:
https://de.wikipedia.org/wiki/TCO_(Standard)

IGEF-Prüfsiegel:
https://www.elektrosmog.com/das-igef-pruefsiegel

Blauen Engel:
https://www.blauer-engel.de/de/produktwelt/elektrogeraete/mobiltelefone/mobilephones-edition-july-2017

Computerbildschirm Qualitätsstandard:
https://de.wikipedia.org/wiki/TCO_(Standard)

In einer Studie wurde gezeigt, dass der Einfluss durch elektromagnetische Felder die Hirnaktivität von Kindern messbar verändern kann:
https://www.frontiersin.org/articles/10.3389/fnins.2018.00190/full

Puppenhaus-Bestellungen:
https://www.heise.de/newsticker/meldung/Amazon-Echo-Nachrichtensprecher-loest-Massenbestellung-aus-3591039.html

Privates Gespräch durch Alexa aufgezeichnet:
https://www.heise.de/newsticker/meldung/Amazon-Alexa-versendet-selbststaendig-Privatgespraech-4058351.html

Apple-Nutzern höherpreisige Angebote:
https://www.spiegel.de/wirtschaft/service/datenauswertung-bei-orbitz-apple-user-zahlen-mehr-fuer-hotelzimmer-a-840938.html

Kinder absorbieren Mikrowellenstrahlung allgemein stärker als Erwachsene – in einer Studie aus den USA zu dieser Problematik:
https://www.diagnose-funk.org/publikationen/artikel/detail?newsid=333

Mehr zu dem Thema Kinder und Elektrosmog finden Sie unter:
https://www.elektrosmog.com/elektrosmog-kinder

Ameisen im Versuch mit DECT-Telefon, das zu Ataxie und Lähmungen bei den Tieren führte:
https://www.diagnose-funk.org/publikationen/artikel/detail&newsid=1157

Insektensterben:
https://www.diagnose-funk.org/publikationen/artikel/detail&newsid=1328
https://www.faz.net/aktuell/wissen/leben-gene/insektensterben-75-prozent-weniger-insekten-in-deutschland-15250672.html

Landwirtschaft:
https://www.elektrosmog.com/mobilfunk-risiken-und-schutz/mobilfunkopfer-tiere)

Bundesamt für Strahlenschutz empfiehlt:
http://www.bfs.de/DE/themen/emf/mobilfunk/schutz/vorsorge/vorsorge_node.html

Bioresonanz Informationen:
https://www.elektrosmog.com/produkte/individuelle-gesundheit

Elektrosmog Newsletter:
https://www.elektrosmog.com/elektrosmog-verursacher

Weiterführendes Buch zum Thema Mikrowellen-Strahlung:
https://www.amazon.de/Herr-Wulf-Dietrich-Rose/e/B07J3XTPHQ/ref=dp_byline_cont_book_1

# Impressum

E. Clean
Apartado Correos 115
E-38370 La Matanza de Acentejo
(S.C. Tenerife, España)
E-Mail: 5gbuch@gmx.de



Zum Autor:

E. Clean geboren 1970 in Hamburg, war erfolgreicher Sportler mit Trainer-Tätigkeit bis 1991. Aus gesundheitlichen Gründen wandte er sich dem Studium der Elektrotechnik zu. Nach seiner erfolgreichen beruflichen Tätigkeit, zuletzt als Aufsichtsrats-Vorsitzender einer deutschen Aktiengesellschaft, nutzte er 2005 den wirtschaftlichen Erfolg um sich als Privatier auf der kanarischen Insel Teneriffa niederzulassen. Auf zahlreichen weltweiten Studienreisen erwarb er sich umfangreiche theoretische und praktisch anwendbare Kenntnisse auf dem Gebiet der biophysikalischen Mess- und Therapieverfahren. Durch verschiedenste interdisziplinäre Ausbildungen qualifizierte er sich zum anerkannten Sachverständigen für bioelektronische Sensibilität. Er ist Gründer der IFEECT - Internationale Föderation für die Entwicklung der ElectroClean Technologie, Mitentwickler des ElectroClean Konzeptes und auditiver Legastheniker.

Mit einem unabhängigen Forschungsauftrag soll er, als ausgebildeter Pilot, beim Virgin Galactic Weltraumflug, die Auswirkungen des Astronauten Programmes auf den Menschen erforschen. Um die Wirkung der kommerziellen Raumfahrt darstellbar zu machen. Und die gewünschten Reaktionen auf den ganzheitlichen Menschen nachvollziehbar und wiederholt erzielen zu können. Dafür wird er den Virgin Galactic Astronautenflug mit EBES-Messverfahren und BWS-Techniken absolvieren.

## PS:

**Wenn Sie die wichtigsten Tipps aus diesem Buch, als kostenloses PDF nochmal haben wollen oder weiter geben wollen, verwenden Sie jetzt einfach diesen Link zum E-Buch „5G-Handy-Netz Schutz Handbuch":**
http://www.electroclean.de/chip-gutachten/

## PPS:

**Wenn Sie Freunde haben, denen Sie einen kostenlosen Überblick mit den wichtigsten Tipps zum Thema Elektrosmog geben wollen, können Sie Ihnen diesen Link zukommen lassen:**
https://www.elektrosmog.com/elektrosmog-verursacher

## PPPS:

***Wenn Sie die Tipps und Infos in diesem Buch hilfreich fanden, würde ich mich natürlich über eine positive Rezension auf Amazon sehr freuen.***
***Bewertungen sind die Grundlage für den Erfolg bei Amazon.***

***Danke für Ihren Kauf !***

Printed in Poland
by Amazon Fulfillment
Poland Sp. z o.o., Wrocław

49425147R00036